I·M·P·R·E·S·S NextPublishing

技術の泉シリーズ

会社員がVLOOKUPの
次に覚えるQUERY関数

カワムラ シンヤ | 著

超入門

VLOOKUPを超える、
次なる一手を習得しよう!

技術の泉
SERIES

インプレス

JN215142

目次

はじめに

みなさまこんにちは。本書をお手に取ってくださり、ありがとうございます。

私はVLOOKUP関数が好きです。VLOOKUP関数を知ったとき、「こんな便利なことができるのか！」と感動を覚えました。みなさんの中にも、そう感じた方が多いのではないでしょうか。

昨今は業務で取り扱うあらゆる情報（売上・損益・顧客・勤怠・人事情報など）がパソコンやクラウドに集約され、権限があれば一般の従業員でも部署単位・会社単位の大きなデータを出力できるようになりました。

大きなデータを目の前にしてもどう活用してよいのか、途方に暮れることも多いですよね。そのようなときには、ぜひQUERY関数を活用してください。

また大きなデータでなくても、日々更新される重要なデータをキャッチアップしたいときなどに、自分が見やすいように抽出・整理するにも、QUERY関数は有用です。

QUERY関数はGoogleスプレッドシート特有の関数です。QUERY関数はVLOOKUP関数に似たような機能を持ちますが、数種類ある「句」を組み合わせて用いることで、抽出・集計の幅が格段に広がります。

QUERY関数を習得することで、大きなデータでも臆することなく、自分に必要な情報を必要な分だけ抽出・集計できます。いままでトライしたことない角度での分析も容易に実現でき、さらに視野が広がると思います。

VLOOKUP関数を習得したら、ぜひ次はQUERY関数に挑戦してみてください。本書がその一助になるようにと願いながら執筆いたしました。

※本書の一部のサンプルデータを格納したGoogleスプレッドシートを用意しました。下記URLからコピーし、ご利用ください（予告なく配布を終了する場合があります。何卒ご了承ください）。

https://docs.google.com/spreadsheets/d/1wzpUGlrgkryC_kYRArTeV64WVFLirOhwl-YukP5usXY/copy

第1章　なぜQUERY関数を使うのか

本章ではQUERY関数とその他の関数の実用例を比較し、QUERY関数の便利さをご紹介します。

1.1　データの参照の例

たとえば、こんなケースはありませんか？

あなたは上司から「来月の研修参加メンバーが確定したから、参加社員一覧表を作成しておいて」と依頼されました。あなたの職場ではGoogle Workspaceが導入されており、全社員のデータベースがGoogleスプレッドシートに保存されているので、そのデータを活用して一覧表を作成するとします。

図1.1:

■研修参加対象　社員リスト

社員番号	氏名	支社名	部署名	役職

■全社員DB

社員番号	氏名	支社名	部署名	役職
2001101	高野 由希	東京本社	第一営業部	本部長
2001102	廣瀬 信彦	東京本社	第一営業部	部長
2001103	石井 晋作	東京本社	第二営業部	本部長
2001104	阿部 智	東京本社	第三営業部	本部長
2001105	藤森 正善	東京本社	総務部	部長
2002111	轟 幸恵	大阪支社	大阪営業部	部長
2002112	伊藤 亮佑	東京本社	経理部	部長
2002113	石川 明美	東京本社	経理部	副部長
2002114	上田 稔	東京本社	人事部	副部長
2002115	佐藤 剛	東京本社	人事部	部長
2003121	佐伯 亮平	東京本社	第一営業部	次長
2003122	小嶋 慎	東京本社	第二営業部	副部長
2003123	井尾 義典	東京本社	第三営業部	次長
2003124	長谷川 邦子	東京本社	広報部	部長
2003125	北川 幸子	東京本社	経理部	係長
2004131	有馬 春樹	大阪支社	大阪営業部	副部長
2004132	田中 篤	大阪支社	大阪営業部	課長
2004133	高橋 真也	大阪支社	大阪営業部	係長
2004134	藤戸 由香	東京本社	第一営業部	課長
2004135	尾崎 健太	東京本社	第二営業部	課長
2005131	又吉 加奈子	東京本社	第三営業部	係長
2005132	宮崎 辰也	東京本社	第一営業部	主任

別途紙資料やメールなどで共有された「研修参加メンバー」を参照しながら、あなたはどうやってリストを作りますか？

1.2　VLOOKUP関数を使う

一人ずつコピペするのもいいですが、人数が多い場合は面倒になり、手作業によるミスのリスクもあります。あなたがもしVLOOKUP関数を使えるのであれば、まず列Aに「社員番号」を入力し

ていき、列B-EにVLOOKUP関数を用いることでしょう。

図1.2:

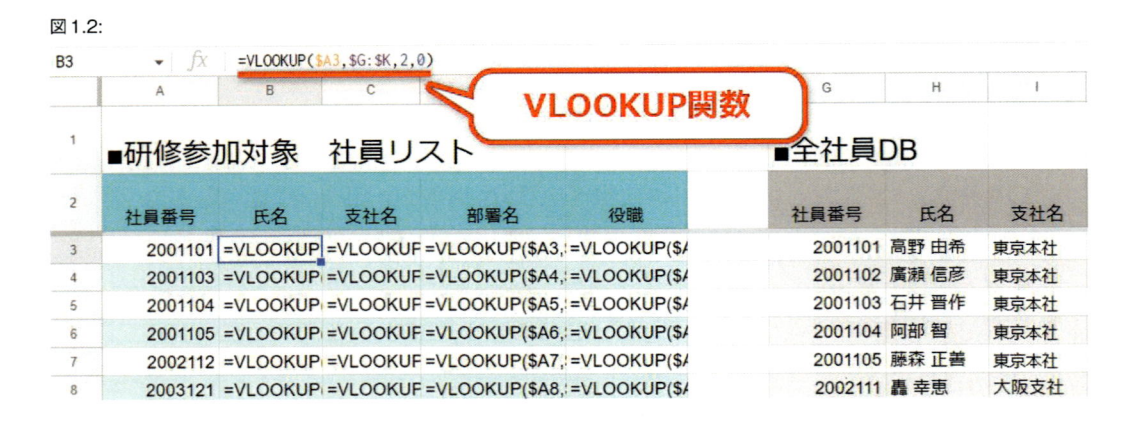

ただしこの場合、参加メンバーより多くVLOOKUPを仕込んでおくと、下記のようなエラー値が返ってきてしまいます。

図1.3:

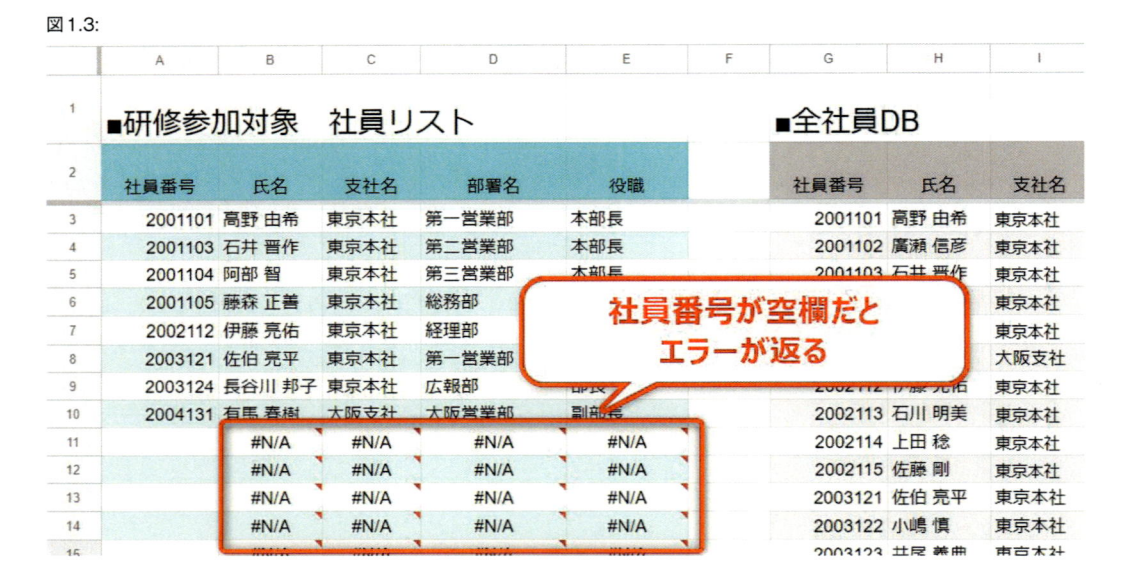

IFERROR関数等を用いてエラーを回避する方法はありますが、そのひと手間が少々煩わしく感じられることもあるでしょう。これでは作表後に参加メンバーの増減があった場合、柔軟に対応できません。

1.3　データ参照にQUERY関数を使う

このようなときには、ぜひQUERY関数を使ってみましょう。

まず準備として、全社員データベースの最終列に「研修参加対象」列を加え、チェックボックスを設けます。

図 1.4:

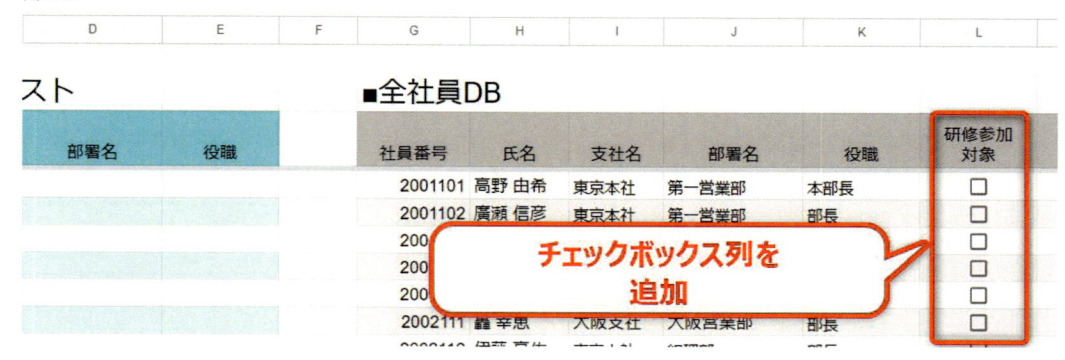

次に、セル A2 に以下の関数を入力します。

```
=QUERY(G2:L,"select G,H,I,J,K where L = TRUE")
```

すると、チェックボックスにチェックを入れたメンバーだけが列 A-E に表示されます。

図 1.5:

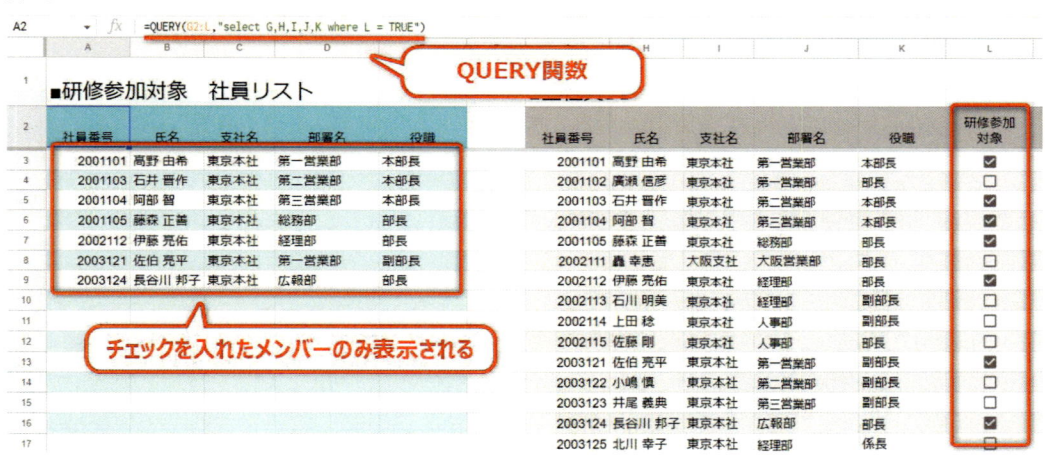

いかがでしょうか。とてもシンプルな関数で、便利な仕組みが構築できました。

参加メンバーの変更があった場合でも関数を変更することは不要で、チェックボックスをオン/オフする作業のみですばやく柔軟に対応できます。

1.4　QUERY関数ならさらに便利

さらに QUERY 関数なら、列の表示順の変更も簡単にできます。

列の表示順を以下のように変更したいとします。

```
社員番号,氏名,支社名,部署名,役職
↓
社員番号,氏名,役職,支社名,部署名
```

　この場合、セル A2 の関数を以下のように変更します。

```
=QUERY(G2:L,"select G,H,I,J,K where L = TRUE")
↓
=QUERY(G2:L,"select G,H,K,I,J where L = TRUE")
```

　VLOOKUP 関数を用いた場合はそれぞれのセルに入力した関数の引数をすべて変更しなければなりませんが、QUERY 関数を用いると、一箇所の変更のみで実現できます。

図1.6:

| A2 | ▼ | fx | =QUERY(G2:L,"select G,H,K,I,J where L = TRUE") |

	A	B	C	D	E	F	G	H
1	■研修参加対象　社員リスト						■全社員DB	
2	社員番号	氏名	役職	支社名	部署名		社員番号	氏名
3	2001101	高野 由希	本部長	東京本社	第一営業部		2001101	高野 由希
4	2001103	石井 晋作	本部長	東京本社	第二営業部		2001102	廣瀬 信彦
5	2001104	阿部 智	本部長	東京本社	第三営業部		2001103	石井 晋作
6	2001105	藤森 正善	部長	東京本社	総務部		2001104	阿部 智
7	2002112	伊藤 亮佑	部長	東京本社	経理部		2001105	藤森 正善
8	2003121	佐伯 亮平	副部長	東京本社	第一営業部		2002111	轟 幸恵
9	2003124	長谷川 邦子	部長	東京本社	広報部		2002112	伊藤 亮佑
10							2002113	石川 明美
11							2002114	上田 稔
12							2002115	佐藤 剛
13							2003121	佐伯 亮平
14							2003122	小嶋 慎

列の表示順が簡単に変更できる

　QUERY 関数、便利ですね！
　次項で別のケースを見てみましょう。

1.5　データの抽出の例

　売上データベースからある条件に合致したデータを抽出する、というタスクがあるとします。
　下記のスプレッドシートで、売上データベースである列 F-I は、売上があるごとに最終行にデータが追記されます。

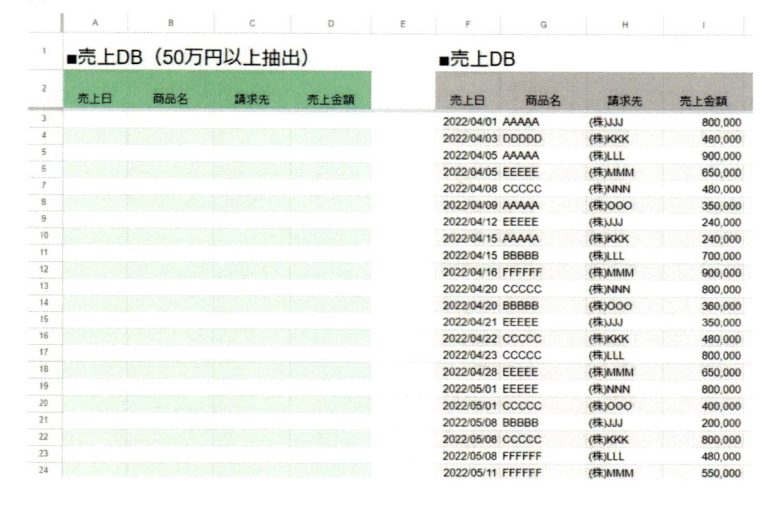

このスプレッドシートの列A-Dに、

・売上金額が50万円以上のデータのみ抽出

・売上日は新しい順に並び替え

……とすると、どのような方法が考えられるでしょうか。

1.6 FILTER関数とSORT関数を使う

ポピュラーな方法のひとつとして、FILTER関数とSORT関数の併用があります。FILTER関数とSORT関数はともに非常に便利な関数で、よく利用されます。

このケースの場合、セルA3に以下の関数を入力します。

```
=SORT(FILTER(F3:I,I3:I >= 500000),1,FALSE)
```

すると、以下のように抽出＆並び替えが実現できました。

図1.8:

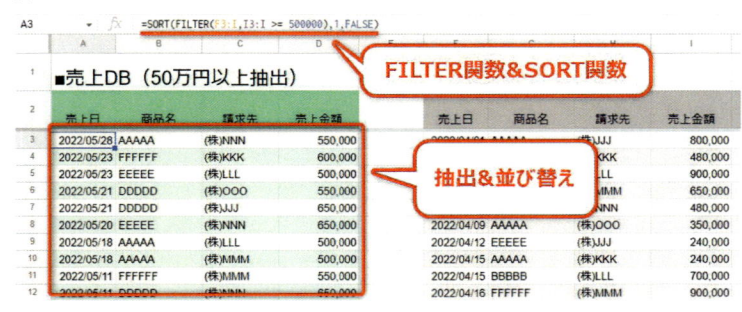

1.7　データ抽出にQUERY関数を使う

　FILTER関数とSORT関数の併用でも十分に便利なのですが、ここでもぜひQUERY関数を使ってみましょう。

　セルA2に以下の関数を入力します。

　※セルA2-D2にあらかじめ入力していた項目名は削除します。

```
=QUERY(F2:I,"select F,G,H,I where I >= 500000 order by F desc")
```

　すると、FILTER関数とSORT関数の併用と同様の結果が得られました。

図1.9:

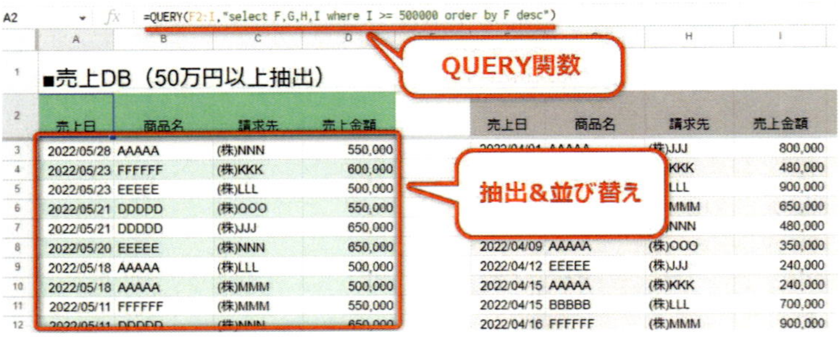

　QUERY関数を用いると、複数の関数を組み合わせることなく、ひとつの関数でさまざまな抽出/並び替えが実現できます。

　また、QUERY関数では項目名も元データを参照し返してくれるので、非常に便利です。

　なおSORT関数の場合、第二引数である「並べ替え基準列」を「列番号」で指定する必要がありますが、QUERY関数では列のアルファベット（A1参照形式）で指定できるので、直感的に理解しやすいです。

1.8　QUERY関数ならここまで便利

　前出のケースの応用として、このスプレッドシートの列A-Dに

・売上金額が50万円以上のデータのみ抽出

・売上日は新しい順に並び替え

・請求先は(株)MMM社または(株)LLL社のみ絞り込み

　……となると、FILTER関数＆SORT関数の併用では少々面倒になります。

```
=SORT(FILTER(F3:I,(I3:I >= 500000)*
((H3:H = "(株)MMM")+(H3:H = "(株)LLL"))),1,FALSE)
```

　FILTER関数によるAND/OR条件の絞り込みでは、「*(=AND)」と「+(=OR)」記号を用いることになります。この記号、直感的な理解には少々慣れが必要ですね。

また、AND/OR条件併用時のネストが少々深くなり「カッコ」の数が増えてしまうので、カッコの数や位置に注意しながら関数を構築する必要が生じます。

　QUERY関数を用いるとどうなるでしょう。

```
=QUERY(F2:I,"select F,G,H,I where I >= 500000 AND
(H = '(株)MMM' OR H = '(株)LLL') order by F desc")
```

　「*」「+」記号ではなく「AND」「OR」を用いることができるので理解しやすく、またFILTER関数よりAND/OR条件併用時のネストが浅く済み、よりシンプルになります。

　以上の2例のように、QUERY関数とそれ以外の関数では同様の結果が得られますが、QUERY関数を用いると関数式がよりシンプルになったり、直感的な理解を得られたり、ひとつの関数なのに、より多様な応用が実現できます。

　それでは次の章で、QUERY関数の基本的な使い方を見ていきましょう。

第2章　QUERY関数の基本

本章では、まずQUERY関数の基本である

・select句

・where句

・order by句

の使い方について解説します。

2.1　select句・where句による抽出の基本

まずはselect句・where句を用いて、簡単な抽出を行ってみましょう。

下記の「受注案件リスト」をサンプルに用います。

図2.1:

	A	B	C	D	E	F	G	H	I	J
1	案件No.	案件名	担当支社コード	担当支社名	担当部署コード	担当部署名	担当者コード	担当者名	売上予定日	売上予定額
2	10000001	AAAAA	101	東京本社	1001	東京第一営業部	2001101	高野 由希	2022/04/01	6,000,000
3	10000002	BBBBB	103	名古屋支社	1007	名古屋第一営業部	2001108	石川 明美	2022/06/01	5,000,000
4	10000003	CCCCC	101	東京本社	1002	東京第二営業部	2001103	石井 晋作	2022/04/01	6,000,000
5	10000004	DDDDD	106	仙台支社	1011	仙台営業部	2001109	上田 稔	2022/05/01	10,000,000
6	10000005	EEEEE	101	東京本社	1003	東京第三営業部	2001104	阿部 智	2022/05/01	6,000,000
7	10000006	FFFFFF	101	東京本社	1004	東京第四営業部	2001105	藤森 正善	2022/05/01	7,000,000
8	10000007	GGGGG	106	仙台支社	1011	仙台営業部	2001110	佐藤 剛	2022/05/01	6,000,000
9	10000008	HHHHH	102	大阪支社	1005	大阪第一営業部	2001106	轟 幸恵	2022/05/01	10,000,000
10	10000009	IIIII	103	名古屋支社	1008	名古屋第二営業部	2002118	高橋 真也	2022/05/01	6,000,000
11	10000010	JJJJJ	101	東京本社	1001	東京第一営業部	2001102	廣瀬 信彦	2022/07/01	7,000,000
12	10000011	KKKKK	103	名古屋支社	1007	名古屋第一営業部	2003128	外山 浩光	2022/04/01	8,000,000
13	10000012	LLLLL	103	名古屋支社	1008	名古屋第二営業部	2002118	高橋 真也	2022/05/01	6,000,000
14	10000013	MMMMM	101	東京本社	1002	東京第二営業部	2003123	柴田 正人	2022/04/01	5,000,000
15	10000014	NNNNN	103	名古屋支社	1007	名古屋第一営業部	2001108	石川 明美	2022/04/01	6,000,000
16	10000015	OOOOO	104	福岡支社	1009	福岡営業部	2002119	蕗戸 由香	2022/05/01	10,000,000
17	10000016	PPPPP	102	大阪支社	1006	大阪第二営業部	2002117	田中 篤	2022/06/01	8,000,000
18	10000017	QQQQQ	101	東京本社	1003	東京第三営業部	2002113	井尾 義典	2022/04/01	10,000,000
19	10000018	RRRRR	104	福岡支社	1009	福岡営業部	2003129	田中 豊	2022/06/01	7,000,000
20	10000019	SSSSS	101	東京本社	1004	東京第四営業部	2002115	北川 幸子	2022/06/01	8,000,000
21	10000020	TTTTT	101	東京本社	1001	東京第一営業部	2002121	佐伯 亮平	2022/07/01	7,000,000
22	10000021	UUUUU	102	大阪支社	1005	大阪第一営業部	2001107	伊藤 晃佑	2022/04/01	5,000,000
23	10000022	VVVVV	101	東京本社	1002	東京第二営業部	2002112	小嶋 慎	2022/06/01	10,000,000
24	10000023	WWWWW	102	大阪支社	1006	大阪第二営業部	2003127	大浜 哲正	2022/04/01	7,000,000

　同じスプレッドシート内に別シート「DB_東京本社」を作成し、QUERY関数を用いて「東京本社」のみのデータを反映させます。

　セルA1に、以下のQUERY関数を入力します。

```
=QUERY('DB01'!A:J,"select A,B,C,D,E,F,G,H,I,J where C = 101")
```

　結果、「東京本社」のみデータが反映されました。

図2.2:

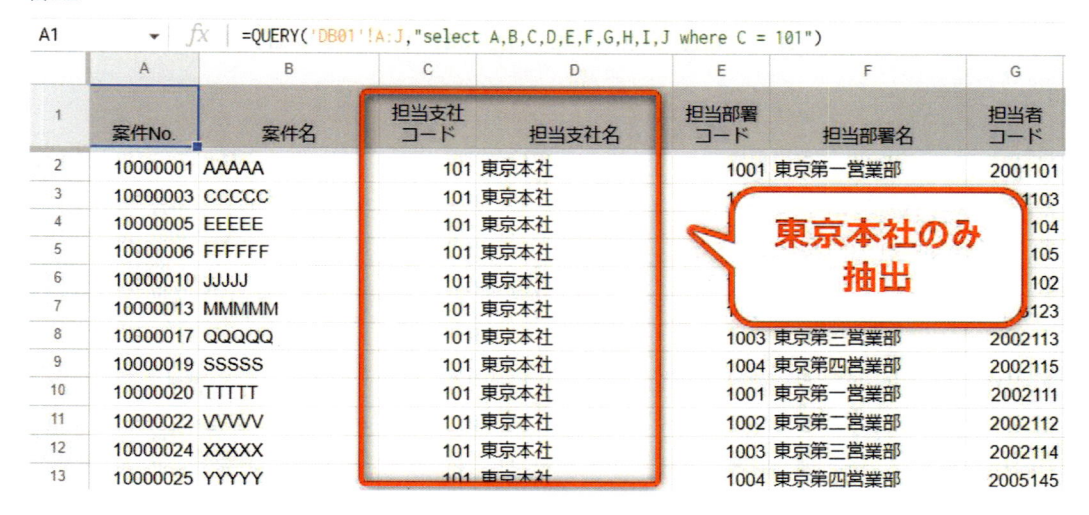

上記で用いたQUERY関数を見てみましょう。

図2.3:

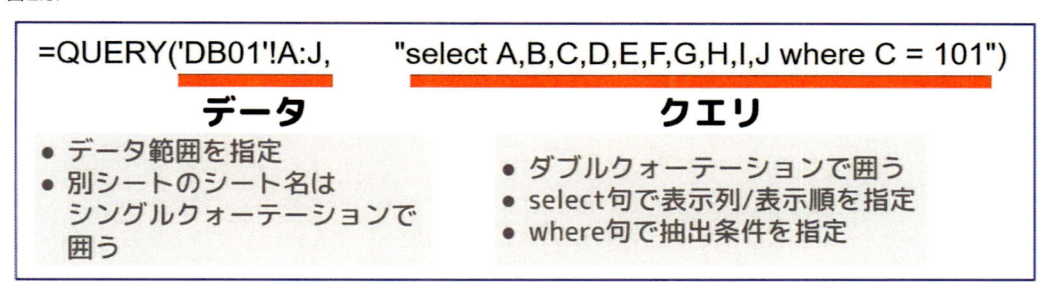

・**第一引数：データ**

　—データの範囲を指定します

　—別シートのシート名はシングルクォーテーションで囲います

・**第二引数：クエリ**

　—ダブルクォーテーションで囲います

　—クエリ言語にあるさまざまな「句（Clause）」を用い、クエリを実行します

　—select句で表示したい列とその表示順を指定します

　—where句で列C（担当支社コード）が「101」である行のみ抽出しています

　いかがでしょうか。元のデータを加工することなく、自分が抽出したいデータをシンプルな関数で返すことができました。

　ここでは、select句・where句による基本的な抽出を解説しました。次項以降でselect句・where句の応用、およびorder by句の解説を進めます。

　※参考＜１＞

　select句で「select *」とアスタリスクを用いると、データ範囲と同じ表示列/表示順を返すことが

できます。

```
=QUERY('DB01'!A:J,"select * where C = 101")
```

※参考＜2＞
where句の抽出条件が文字列の場合は、シングルクォーテーションで囲みます。

```
=QUERY('DB01'!A:J,"select * where D = '東京本社'")
```

2.2　select句の応用

本項では、select句の応用について解説します。
前項のシート「DB_東京本社」を複製し、作り替えてみます。

図2.4：

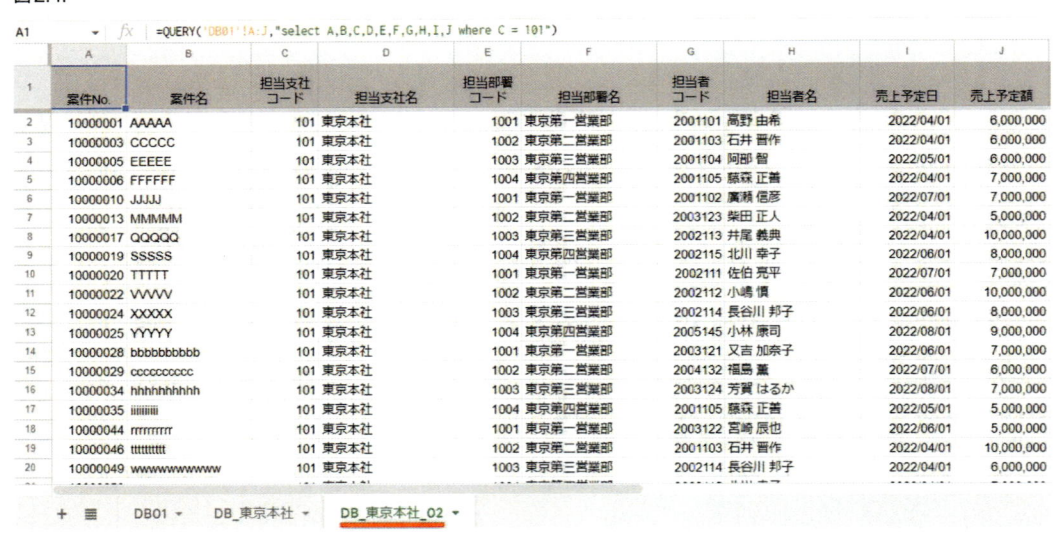

表示列/表示順は元のデータベースと同じにしていますが、このQUERY関数内のselect句を書き換えて、表示列/表示順を変更してみます。

```
=QUERY('DB01'!A:J,"select D,A,B,F,H,I,J where C = 101")
```

以下のように、表示列と表示順が変更されました。

図2.5:

	A	B	C	D	E	F	G
	=QUERY('DB01'!A:J,"select D,A,B,F,H,I,J where C = 101")						
1	担当支社名	案件No.	案件名	担当部署名	担当者名	売上予定日	売上予定額
2	東京本社	10000001	AAAAA	東京第一営業部	高野 由希	2022/04/01	6,000,000
3	東京本社	10000003	CCCCC	東京第二営業部	石井 晋作	2022/04/01	6,000,000
4	東京本社				阿部 智	2022/05/01	6,000,000
5	東京本社				藤森 正善	2022/04/01	7,000,000
6	東京本社				廣瀬 信彦	2022/07/01	7,000,000
7	東京本社				柴田 正人	2022/04/01	5,000,000
8	東京本社	10000017	QQQQQ	東京第三営業部	井尾 義典	2022/04/01	10,000,000
9	東京本社	10000019	SSSSS	東京第四営業部	北川 幸子	2022/06/01	8,000,000
10	東京本社	10000020	TTTTT	東京第一営業部	佐伯 亮平	2022/07/01	7,000,000
11	東京本社	10000022	VVVVV	東京第二営業部	小嶋 慎	2022/06/01	10,000,000
12	東京本社	10000024	XXXXX	東京第三営業部	長谷川 邦子	2022/06/01	8,000,000

表示列と表示順が変更

　閲覧する際に不要な列（この場合「担当支社コード」「担当部署コード」「担当者コード」）を除外し、表示順を変更しました。

　データベースはあらゆる使用用途を想定しているため、項目数が多いのが常ですが、データベースを直接加工することなく必要な項目を絞り表示できるのが、QUERY関数の大きな特徴です。

2.3　where句の応用

　条件抽出の際に用いるのがwhere句です。前項までは条件となる数値・文字列を関数内で直接指定しましたが、セル参照も可能です。セル参照については独特な書式を用いるので、ここでまとめます。

2.3.1　数値を参照する

　セルに入力された数値を参照します。

図2.6:

	A	B	C	D	E	F	G
	=QUERY('DB01'!A:J,"select * where C = "&B1&"")						
1	抽出条件 (列C)	101				ポイント	
2	案件No.	案件名	担当支社 コード	担当支社名	担当部署 コード	担当部署名	担当者 コード
3	10000001	AAAAA	101	東京本社	1001	東京第一営業部	2001101
4	10000003	CCCCC	101	東京本社	1002	東京第二営業部	2001103
5	10000005	EEEEE	101	東京本社	1003	東京第三営業部	2001104
6	10000006	FFFFFF	101	東京本社	1004	東京第四営業部	2001105
7	10000010	JJJJJ	101	東京本社	1001	東京第一営業部	2001102
8	10000013	MMMMM	101	東京本社	1002	東京第二営業部	2003123

セルB1に「担当支社コード」を入力するセルを設け、そのセルを参照します。

セルA2には、以下のQUERY関数を入力します。

```
=QUERY('DB01'!A:J,"select * where C = "&B1&"")
```

参照するセル（この場合はB1）を**アンパサンド(&)** と**ダブルクォーテーション**で囲みます。

2.3.2 文字列を参照する

セルに入力された文字列を参照します。

図2.7:

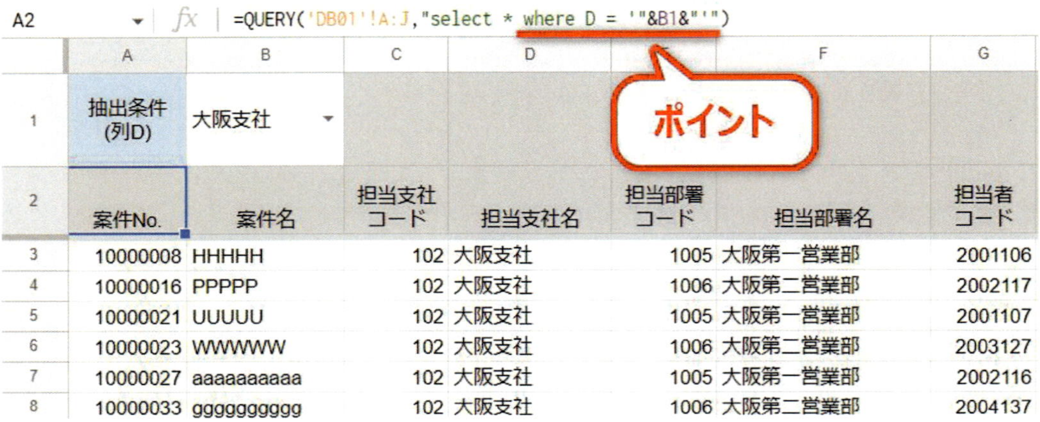

セルB1に「担当支社名」を入力するセルを設け、そのセルを参照します。

セルA2には、以下のQUERY関数を入力します。

```
=QUERY('DB01'!A:J,"select * where D = '"&B1&"'")
```

文字列を参照する場合はアンパサンドとダブルクォーテーションに加え、さらに**シングルクォーテーション**で囲みます。

2.3.3 日付を参照する

セルに入力された日付を参照します。

図2.8:

| A2 | ▼ | *fx* | =QUERY('DB01'!A:J,"select * where I = date '"&TEXT(B1,"yyyy-MM-dd")&"'") |

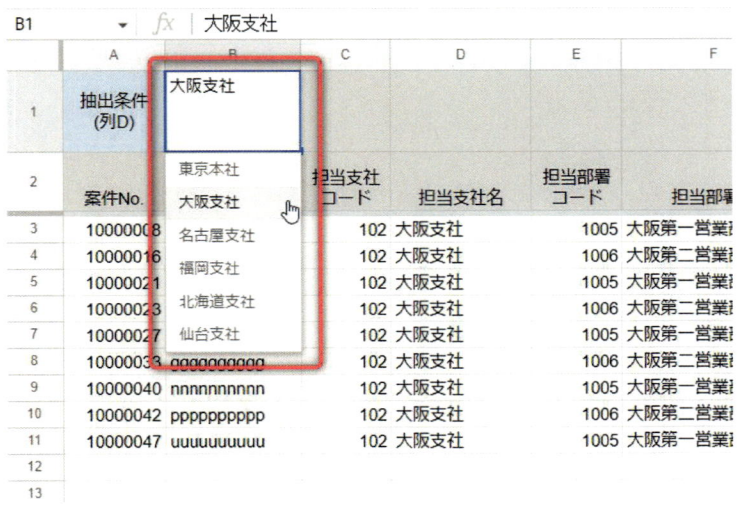

	A	B	C	D	E	F	G
1	抽出条件 (列I)	2022/04/01					
2	案件No.	案件名	担当支社 コード	担当支社名	担当部署 コード	担当部署名	担当者 コード
3	10000001	AAAAA	101	東京本社	1001	東京第一営業部	2001101
4	10000003	CCCCC	101	東京本社	1002	東京第二営業部	2001103
5	10000006	FFFFFF	101	東京本社	1004	東京第四営業部	2001105
6	10000011	KKKKK	103	名古屋支社	1007	名古屋第一営業部	2003128
7	10000013	MMMMM	101	東京本社	1002	東京第二営業部	2003123
8	10000014	NNNNN	103	名古屋支社	1007	名古屋第一営業部	2001108

セルB1に「売上予定日」を入力するセルを設け、そのセルを参照します。

セルA2には、以下のQUERY関数を入力します。

```
=QUERY('DB01'!A:J,"select * where I = date '"&TEXT(B1,"yyyy-MM-dd")&"'")
```

日付を参照する場合は「**date**」というワードを加え、TEXT関数でフォーマットを**yyyy-MM-dd**に変更します。「date」以下は、文字列同様アンパサンド・ダブルクォーテーション・シングルクォーテーションで囲みます。

2.3.4　抽出条件セルにプルダウンを用いる

where句でセル参照をする場合、「データの入力規則」機能を用いてプルダウンにすると、より便利になります。

図2.9:

| B1 | ▼ | *fx* | 大阪支社 |

	A	B	C	D	E	F
1	抽出条件 (列D)	大阪支社				
2	案件No.		東京本社	担当支社 コード	担当支社名	担当部署 コード	担当部署
3	10000008		大阪支社 🖑	102	大阪支社	1005	大阪第一営業
4	10000016		名古屋支社	102	大阪支社	1006	大阪第二営業
5	10000021		福岡支社	102	大阪支社	1005	大阪第一営業
6	10000023		北海道支社	102	大阪支社	1006	大阪第二営業
7	10000027		仙台支社	102	大阪支社	1005	大阪第一営業
8	10000033	gggggggggg		102	大阪支社	1006	大阪第二営業
9	10000040	nnnnnnnnnn		102	大阪支社	1005	大阪第一営業
10	10000042	pppppppppp		102	大阪支社	1006	大阪第二営業
11	10000047	uuuuuuuuuu		102	大阪支社	1005	大阪第一営業
12						
13						

プルダウンリストは別シートを用意します。

図2.10:

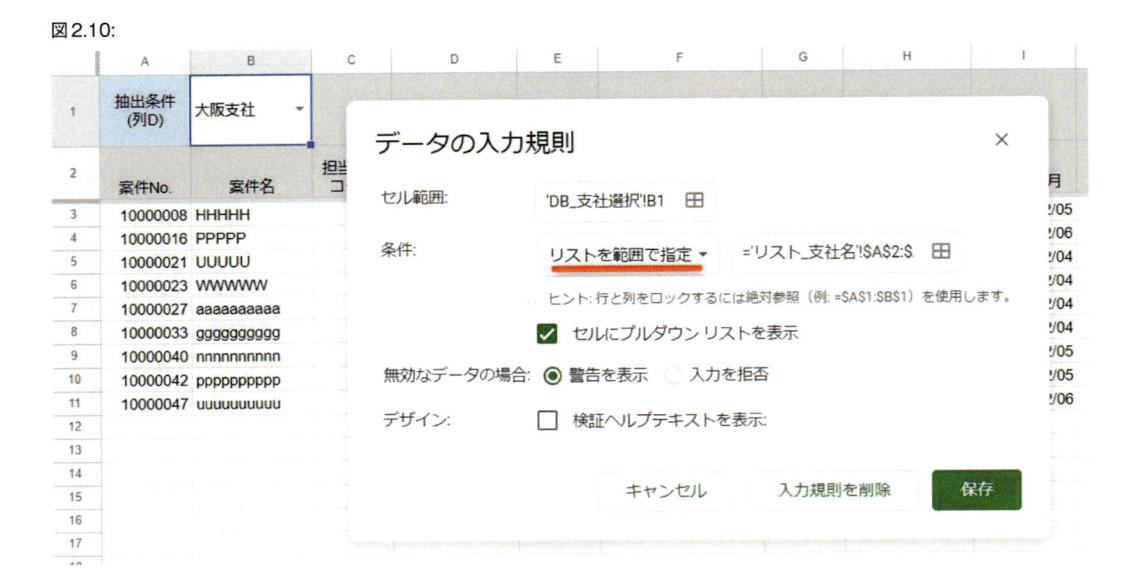

プルダウンリスト用シートは、UNIQUE関数を用いると、リストが増えた場合でもメンテ不要で運用が便利になります。

図2.11:

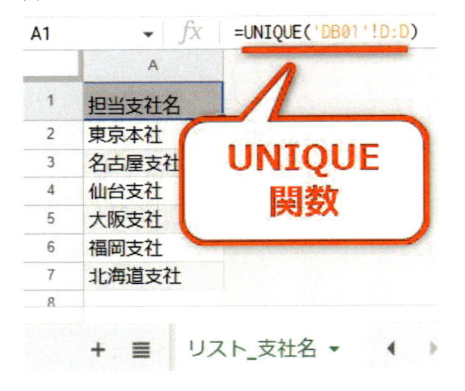

```
=UNIQUE('DB01'!D:D)
```

この場合のUNIQUE関数は、シート[DB01]_列D（担当支社名）にある一意の値を返すので、支社名が今後増えたとしてもメンテ不要で運用できます。

2.4　order by句による並べ替え

ある列の値を基準としてデータを並べ替えるときには、order by句を用います。

東京支社のデータを「売上予定額の高い順」に並び替えるには、セルA1に以下の関数を入力します。

```
=QUERY('DB01'!A:J,"select D,A,B,J where C = 101 order by J desc")
```

　列J「売上予定額」の高い順にデータが並び替えられました。

図2.12:

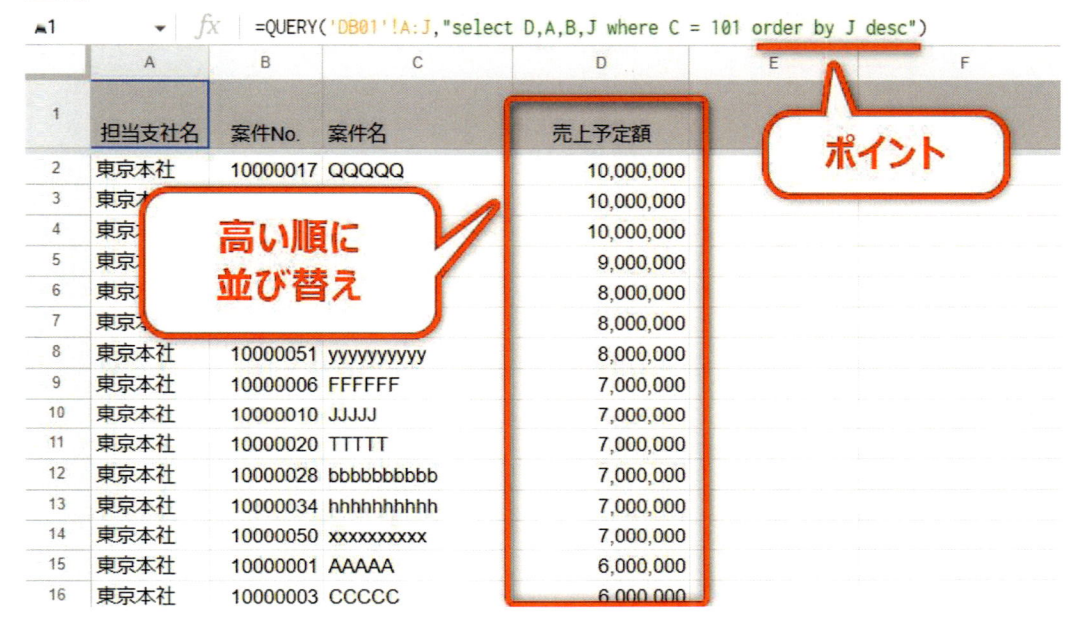

　上記のように降順で並べたいときには「desc」、また昇順で並べたいときには「asc」を用います。

```
【降順】 order by 列 desc
【昇順】 order by 列 asc
```

　昇順「asc」を用いる際は注意点があります。
　「全データを参照し昇順に並び替える」として以下の関数を入力したとすると、

```
=QUERY('DB01'!A:J,"select D,A,B,J order by J asc")
```

　以下のように、先頭に空白行が返ってきてしまいます。

図2.13:

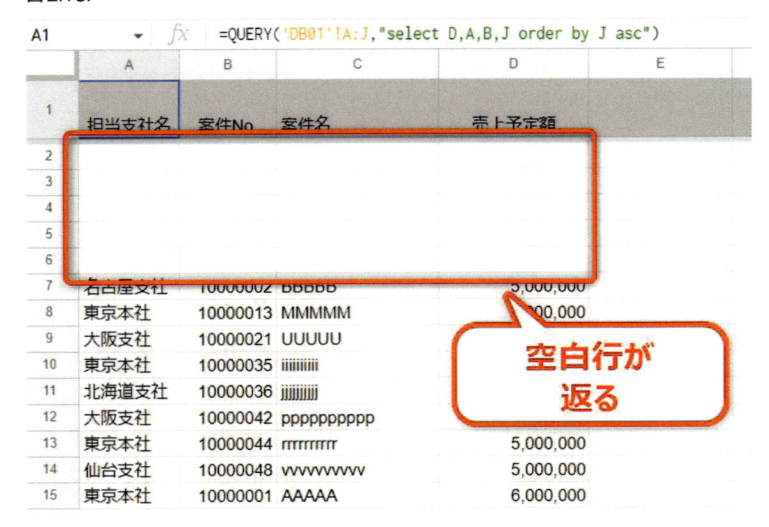

　これはデータベースの末尾にある空白行もデータとして認識され、昇順の先頭に返されてしまったためです。

　これを回避するには、where句と「**is not null**」を用います。

```
=QUERY('DB01'!A:J,"select D,A,B,J where D is not null order by J asc")
```

　ある列をwhere句で指定し、「is not null」（＝空白ではない）という条件で抽出すると、空白行が除外されます。

　以下のように空白行が除外され、昇順に並び替えられました。

図2.14:

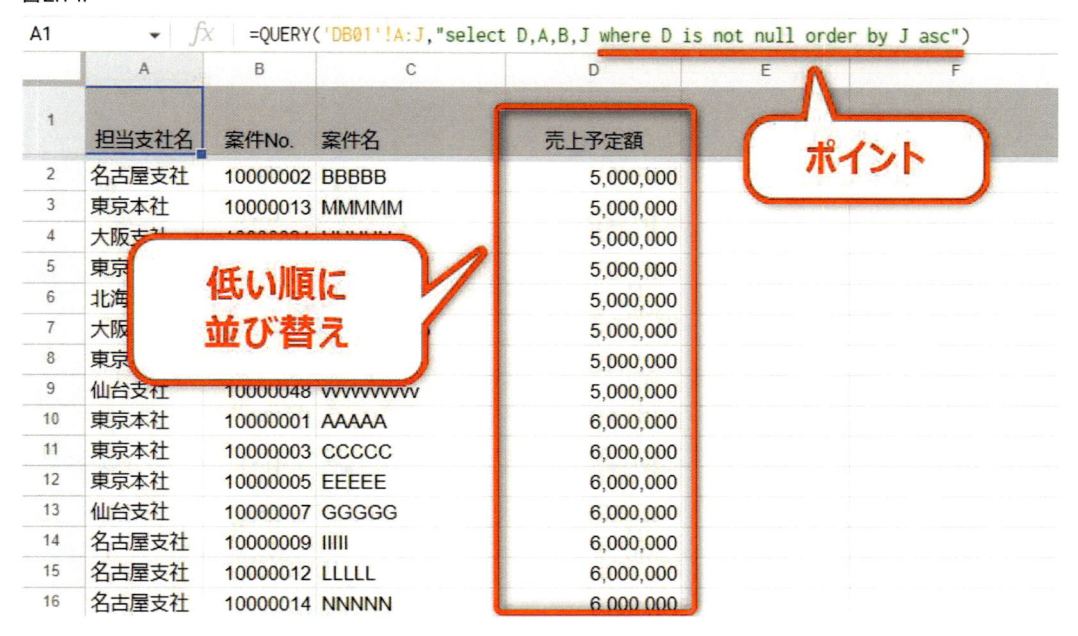

本章ではQUERY関数の基本である

・select 句

・where 句

・order by 句

について解説しました。

　QUERY関数にはさらに便利な句（機能）がたくさんあるのですが、本書ではそれらを後の章で解説することにし、次章では実務にありそうなQUERY関数の応用例について紹介します。

第3章　データベースのスプレッドシートを参照する

3.1　他のスプレッドシートを参照する

　前章まで、QUERY関数の基本的な使い方を解説しました。

　そちらでは解説の便宜上、「参照したいデータベースが同じシート内にある、もしくは同じスプレッドシート内にある」という前提で進めました。

　しかし、実務においてはどうでしょう。参照したいデータベースは単独のスプレッドシートファイルとして独立していることが多く、そのファイル内に別シートを追加し、集計をすることにためらいを感じる方が多いのではないでしょうか。

　私もそう思います。

　日々更新されるデータベースはそれを単独のファイルとすべきであり、他の用途・役割は持たせない方がよいでしょう。Googleスプレッドシートはファイルパスを気にせず参照できるという、素晴らしい利点があります。その利点を生かして、集計用のスプレッドシートは別に持たせましょう。

　QUERY関数で別スプレッドシートを参照する場合は、「IMPORTRANGE関数」を併用することで実現できます。

```
=QUERY(IMPORTRANGE("スプレッドシートID","データ範囲"),"select *")
```

　「スプレッドシートID」は、URLの最後のスラッシュとその前のスラッシュに挟まれた部分です。

```
https://docs.google.com/spreadsheets/d/スプレッドシートID/edit#gid=0
```

　なおこの場合、select句やwhere句で列指定する際にはアルファベットではなく、「Col1,Col2,Col3…」と「**Col+数字**」を用いる必要があります。こちら間違いやすいので、注意しましょう。

```
【Colを用いた例】
=QUERY(IMPORTRANGE("スプレッドシートID","シート1!A:D"),"select Col1,Col2,Col4 where
Col1 = 101")
```

3.2　いったんシートを丸ごとを参照する

　どうしても「Col+数字」で列指定するのが煩わしい場合は、IMPORTRANGE関数でいったんシートを丸ごとを参照し、そのシートをQUERY関数で参照する……という構造を用いるとよいでしょう。

図 3.1:

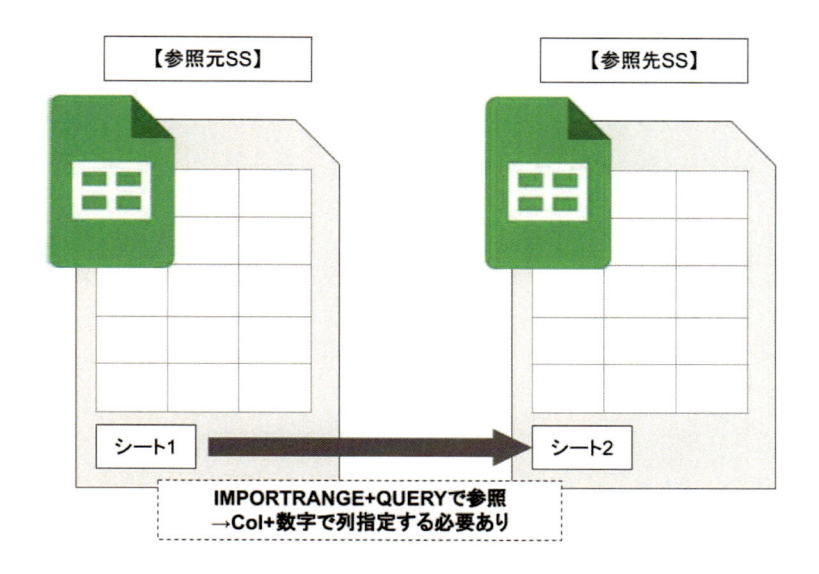

図 3.2:

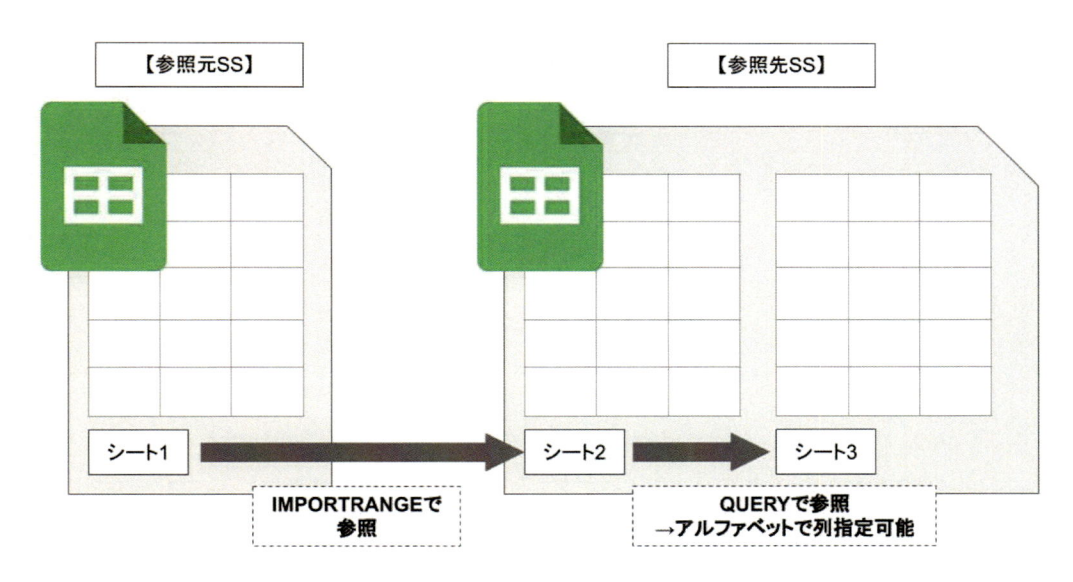

　下記の「受注案件リスト」データベースのスプレッドシートを例にします。このシートを別のスプレッドシートで参照し、QUERY関数で必要なデータを抽出します。

図 3.3:

	A	B	C	D	E	F	G	H	I	J
1	案件No.	案件名	担当支社コード	担当支社名	担当部署コード	担当部署名	担当者コード	担当者名	売上予定日	売上予定額
2	10000001	AAAAA	101	東京本社	1001	東京第一営業部	2001101	高野 由希	2022/04/01	6,000,000
3	10000002	BBBBB	103	名古屋支社	1007	名古屋第一営業部	2001108	石川 明美	2022/06/01	5,000,000
4	10000003	CCCCC	101	東京本社	1002	東京第二営業部	2001103	石井 晋作	2022/04/01	6,000,000
5	10000004	DDDDD	106	仙台支社	1011	仙台営業部	2001109	上田 稔	2022/05/01	10,000,000
6	10000005	EEEEE	101	東京本社	1003	東京第三営業部	2001104	阿部 智	2022/05/01	6,000,000
7	10000006	FFFFFF	101	東京本社	1004	東京第四営業部	2001105	藤森 正善	2022/04/01	7,000,000
8	10000007	GGGGG	106	仙台支社	1011	仙台営業部	2001110	佐藤 剛	2022/05/01	6,000,000
9	10000008	HHHHH	102	大阪支社	1005	大阪第一営業部	2001106	轟 幸恵	2022/05/01	10,000,000
10	10000009	IIIII	103	名古屋支社	1008	名古屋第二営業部	2002118	高橋 真也	2022/05/01	6,000,000
11	10000010	JJJJJ	101	東京本社	1001	東京第一営業部	2001102	廣瀬 信彦	2022/07/01	7,000,000
12	10000011	KKKKK	103	名古屋支社	1007	名古屋第一営業部	2003128	外山 浩光	2022/04/01	8,000,000
13	10000012	LLLLL	103	名古屋支社	1008	名古屋第二営業部	2002118	高橋 真也	2022/05/01	6,000,000

＋　≡　　シート1 ▼

別の参照先スプレッドシートを用意し、セル A1 に下記の IMPORTRANGE 関数を入力します。

```
=IMPORTRANGE("スプレッドシートID","シート1!A:J")
```

参照元のデータがそのまま反映されました（注：書式は反映されないので適宜調整しましょう）。

図 3.4:

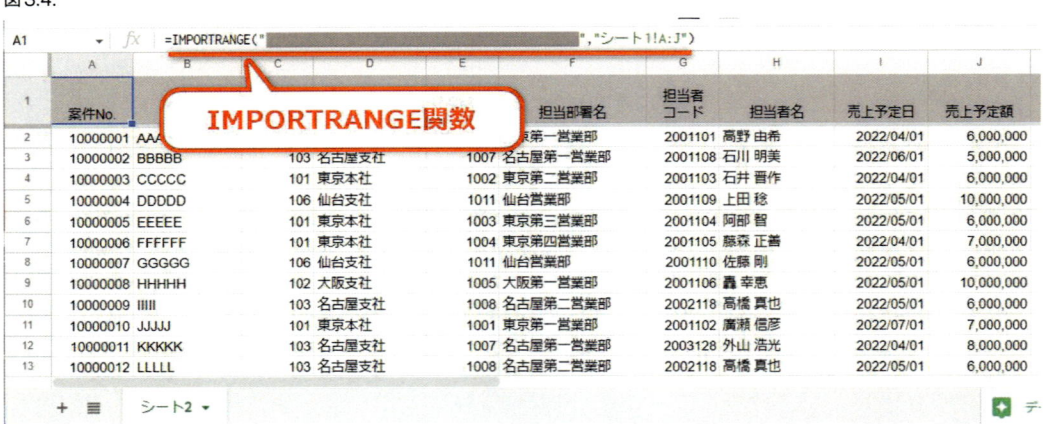

この参照先スプレッドシートに新シートを追加し、QUERY 関数を用いて必要な列を選択し、参照します。

```
=QUERY('シート2'!A:J,"select A,B,D,F,I,J")
```

図3.5:

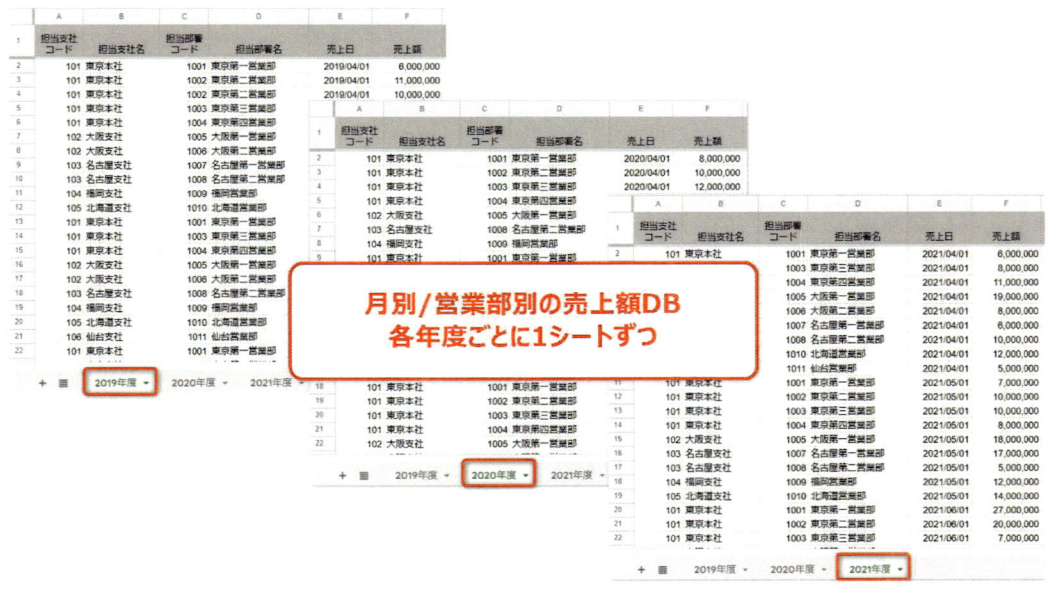

| A1 | ▼ | fx | =QUERY('シート2'!A:J,"select A,B,D,F,I,J") |

これで「Col+数字」ではなくアルファベットで列指定し、データの抽出・集計ができました。

3.3 複数シートをまとめ参照する

次に「他のスプレッドシートにある過去三年間の売上実績を参照し集計したい」というケースを見てみましょう。

月別/営業部別の売上額のデータベースがあり、それが年度ごとにシート別に分かれているとします。

図3.6:

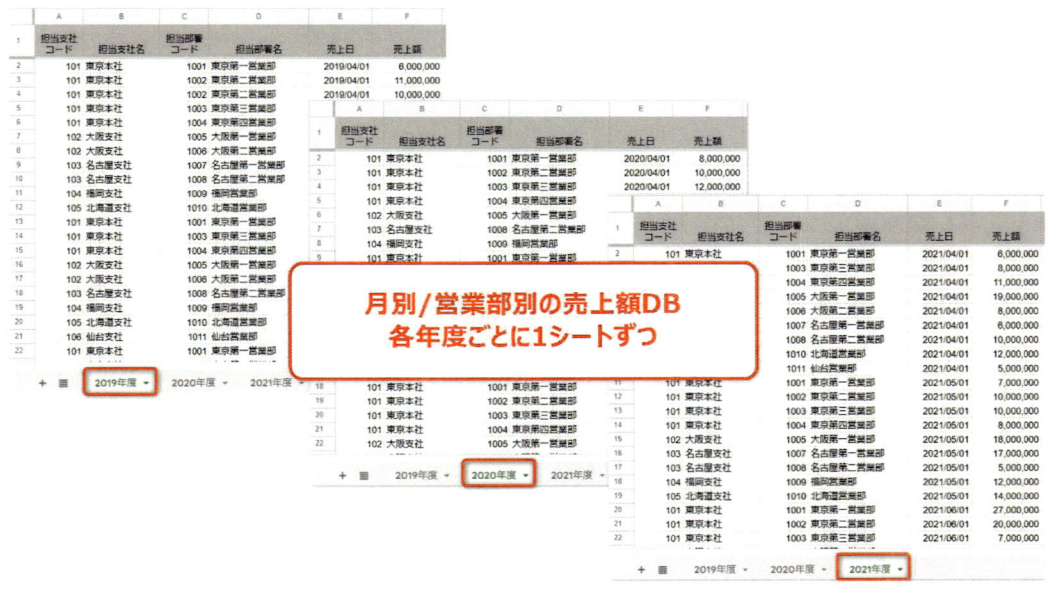

集計用の別スプレッドシートを用意し、まずQUERY+IMPORTRANGE関数を用いて過去三年間の売上実績データベースをひとつのシートにまとめて参照しましょう。

セルA1には以下の関数を入力します。

```
=QUERY({IMPORTRANGE("スプレッドシートID","2019年度!A:F");
IMPORTRANGE("スプレッドシートID","2020年度!A2:F");
IMPORTRANGE("スプレッドシートID","2021年度!A2:F")
},"select * where Col1 is not null")
```

ここでは3つのシートを参照するので、IMPORTRANGE関数も3回用います。参照したデータは縦に結合したいので、それぞれをセミコロン（;）でつなぎ、さらに波カッコ（{}）で囲みます。空白行は除外したいので、where句の「is not null」を用います。

なおヘッダー行はひとつのみ参照したいので、データ範囲はシート「2019年度」のみ「A:F」とし、他の2シートは「A2:F」と2行目からを範囲とします。

以上で、集計用のスプレッドシートに3シートを結合したデータベースが参照できました。

図3.7:

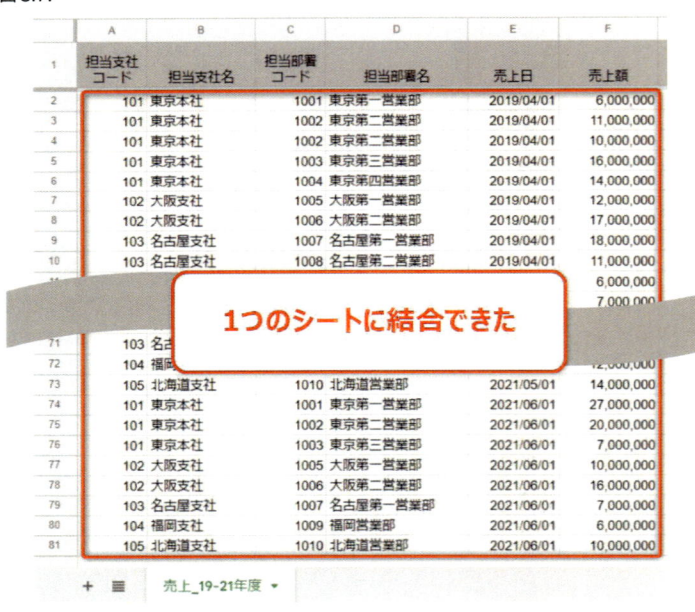

このスプレッドシートに新シートを追加し、セルB1に担当部署名をプルダウンで用意します。そしてQUERY関数のselect句で「担当部署名/売上額/売上日」に絞ると、担当部署名を選択するだけで過去三年間の売上一覧を参照できるシートが完成しました。

```
=QUERY('売上_19-21年度'!A:F,"select D,F,E where D = '"&B1&"'")
```

図3.8:

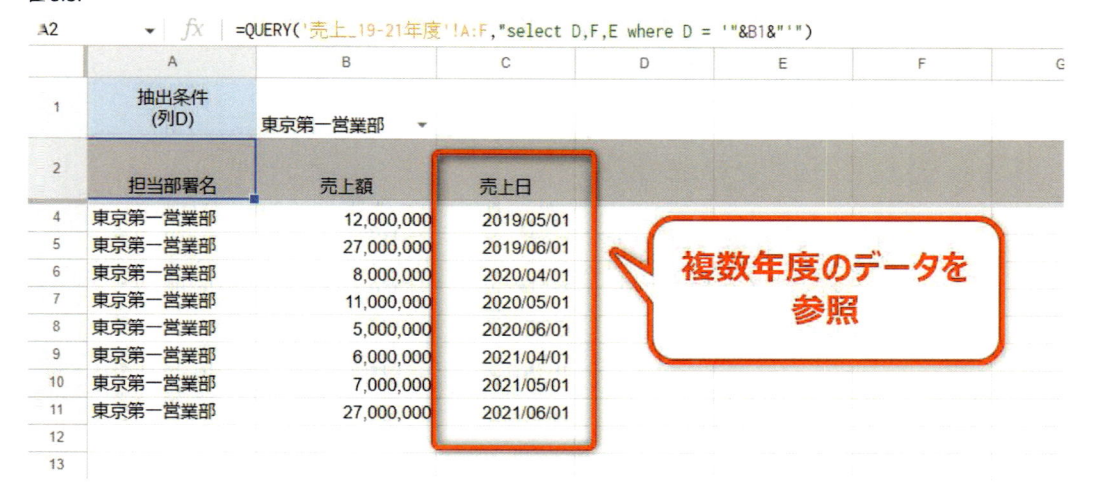

いかがでしょうか。

QUERY関数に加え、IMPORTRANGE関数やデータ結合を併用することで、手作業による更新・メンテを極力省いたデータ活用が構築できます。

次の章では、さらにQUERY関数と他の関数を併用し、利便性が上がる例を紹介します。

第4章 QUERY関数と他関数の併用

　これまで、QUERY関数による自在な抽出・集計を紹介しました。この章ではさらに別の関数を併用して、便利に使う例を紹介します。

4.1 VLOOKUP関数の併用

　QUERY関数で抽出・集計したテーブルにVLOOKUP関数を用い別のデータベースをリレーションすることで、さらに多くの情報を一覧化できます。

　商品/請求先ごとの売上データベースシート「DB02」を例に用います。

図4.1:

	A 売上月	B 商品名	C 請求先	D 売上金額
2	2022/04	AAAAA	(株)JJJ	800,000
3	2022/04	DDDDD	(株)KKK	480,000
4	2022/04	AAAAA	(株)LLL	900,000
5	2022/04	EEEEE	(株)MMM	650,000
6	2022/04	CCCCC	(株)NNN	480,000
7	2022/04	AAAAA	(株)OOO	350,000
8	2022/04	EEEEE	(株)JJJ	240,000
9	2022/04	AAAAA	(株)KKK	240,000
10	2022/04	BBBBB	(株)LLL	700,000
11	2022/04	FFFFFF	(株)MMM	900,000
12	2022/04	CCCCC	(株)NNN	800,000
13	2022/04	BBBBB	(株)OOO	360,000
14	2022/04	EEEEE	(株)JJJ	350,000
15	2022/04	CCCCC	(株)KKK	480,000

　次に新シート「商品別集計」を作り、商品名を抽出条件としセルB1にプルダウンで選択できる構

造にして、売上月別/請求先別の売上合計金額をQUERY関数で集計します。

セルA2には、以下のQUERY関数を入力します。

```
=QUERY('DB02'!A:D,"select A,C,sum(D) where A is not null and B = '"&B1&"' group
by A,C")
```

※ここで用いる「group by句」は次章で詳しく解説します。

図4.2:

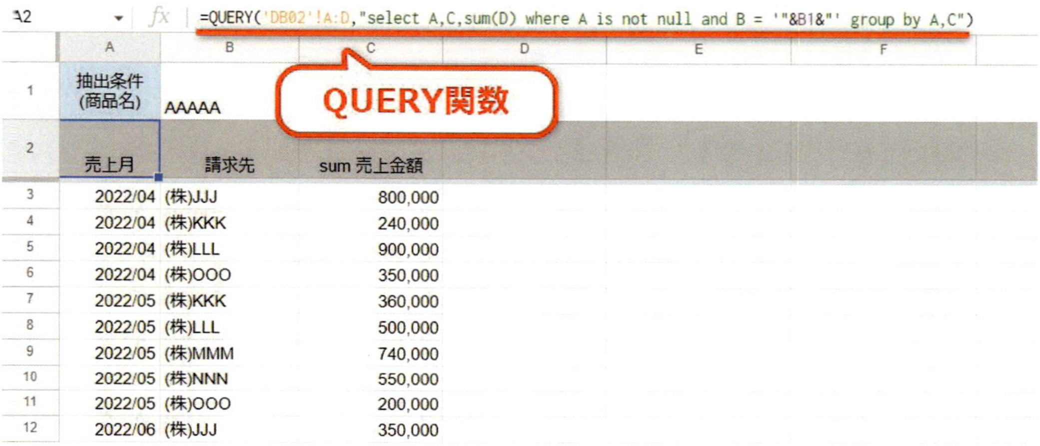

	A	B	C
1	抽出条件(商品名)	AAAAA	
2	売上月	請求先	sum 売上金額
3	2022/04	(株)JJJ	800,000
4	2022/04	(株)KKK	240,000
5	2022/04	(株)LLL	900,000
6	2022/04	(株)OOO	350,000
7	2022/05	(株)KKK	360,000
8	2022/05	(株)LLL	500,000
9	2022/05	(株)MMM	740,000
10	2022/05	(株)NNN	550,000
11	2022/05	(株)OOO	200,000
12	2022/06	(株)JJJ	350,000

この集計に、すでに社内にある請求先情報データベースをVLOOKUP関数でリレーションすると、請求先に付帯している情報を表示できます。

図4.3:

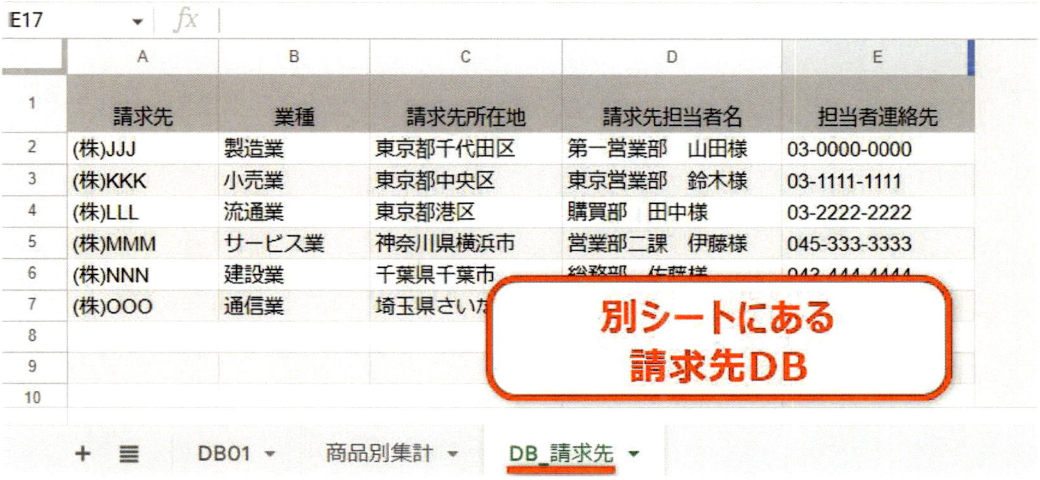

	A	B	C	D	E
1	請求先	業種	請求先所在地	請求先担当者名	担当者連絡先
2	(株)JJJ	製造業	東京都千代田区	第一営業部　山田様	03-0000-0000
3	(株)KKK	小売業	東京都中央区	東京営業部　鈴木様	03-1111-1111
4	(株)LLL	流通業	東京都港区	購買部　田中様	03-2222-2222
5	(株)MMM	サービス業	神奈川県横浜市	営業部二課　伊藤様	045-333-3333
6	(株)NNN	建設業	千葉県千葉市	総務部　佐藤様	043-444-4444
7	(株)OOO	通信業	埼玉県さいた		

商品別集計シートの列Dに「業種」列を追加し、セルD3に以下の関数を入力します。

```
=ARRAYFORMULA(IFERROR(VLOOKUP($B3:$B,'DB_請求先'!$A:$E,2,0)))
```

　VLOOKUP関数で列B「請求先」を検索キーとし、別シート「DB_請求先」の列B「業種」を返します。

図 4.4:

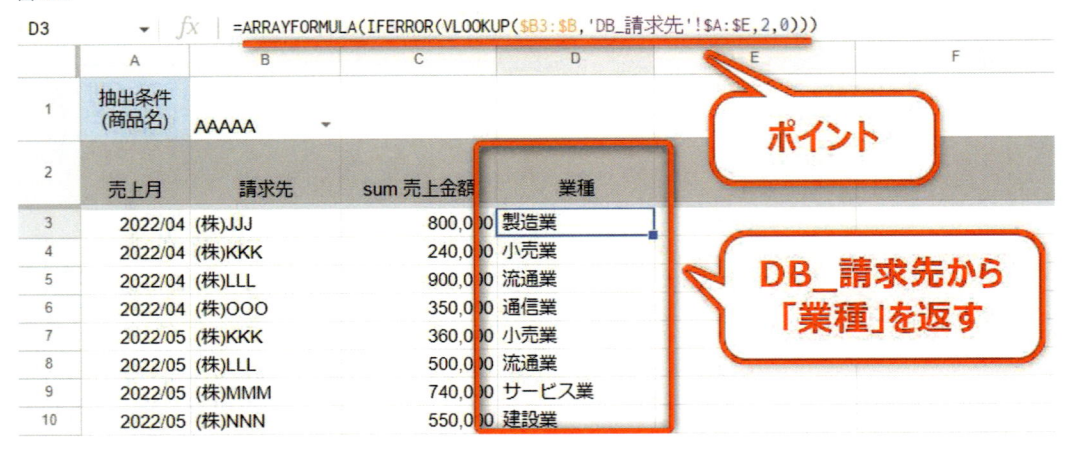

　このケースではARRAYFORMULA関数を用いて、セルD3に入力した関数式をセルD4以降にも反映させています。

　ARRAYFORMULA関数はスプレッドシート独自の関数で、ひとつの数式を入力することにより複数行・複数列に値を返すことができる、とても便利な関数です。より詳しい使い方を知りたい方は、ぜひWeb検索してみてください。

　なおこの場合、ARRAYFORMULA関数を用いることで空白行に「#N/A」エラーが返ってきてしまうので、さらにIFERROR関数を併用しました。

　列E、F、Gも同様に「請求先所在地」「請求先担当者名」「担当者連絡先」の列を設け、VLOOKUP関数により情報を表示しましょう。

　セルD3と同様の式をセルE3-G3に入力して、第三引数で参照列を変更するやり方でもいいのですが、セルD3の関数を以下のように変更しても実現できます。

　第三引数は波カッコで囲い、2-5の値をカンマで区切り入力します。

```
=ARRAYFORMULA(IFERROR(VLOOKUP($B3:$B,'DB_請求先'!$A:$E,{2,3,4,5},0)))
```

　VLOOKUP関数でリレーションすることによって、より多くの情報を表示することができました。

図 4.5:

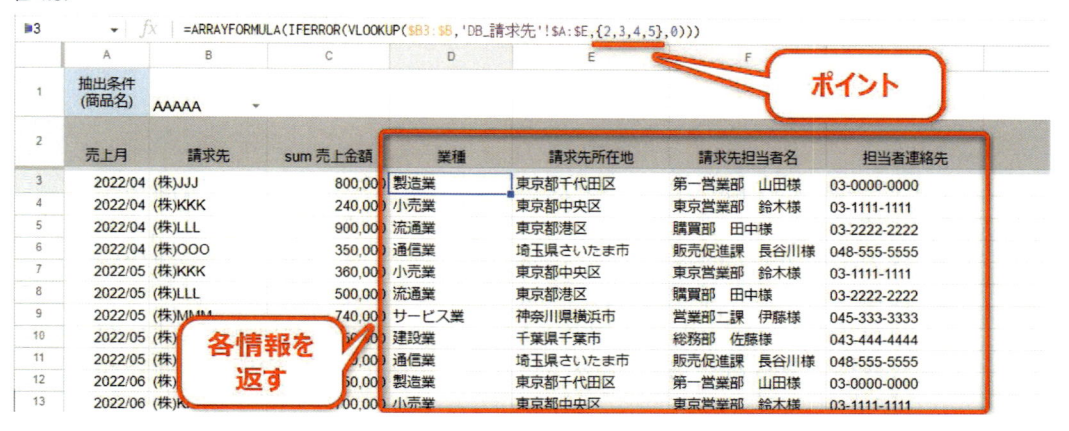

4.2 IF関数の併用

IF関数を併用する例を紹介します。

下記の案件別売上データベースシート「DB03」を例に用います。

図 4.6:

	案件No.	案件名	担当支社コード	担当支社名	担当部署コード	担当部署名	売上日	売上額
2	10000001	AAAAA	101	東京本社	1001	東京第一営業部	2022/04/01	6,000,000
3	10000002	BBBBB	103	名古屋支社	1007	名古屋営業部	2022/06/01	5,000,000
4	10000003	CCCCC	101	東京本社	1002	東京第二営業部	2022/04/01	6,000,000
5	10000004	DDDDD	106	仙台支社	1011	仙台営業部	2022/05/01	10,000,000
6	10000005	EEEEE	101	東京本社	1003	東京第一営業部	2022/05/01	6,000,000
7	10000006	FFFFFF	101	東京本社	1004	東京第二営業部	2022/04/01	7,000,000
8	10000007	GGGGG	106	仙台支社	1011	仙台営業部	2022/05/01	6,000,000
9	10000008	HHHHH	102	大阪支社	1005	大阪営業部	2022/05/01	10,000,000
10	10000009	IIIII	103	名古屋支社	1008	名古屋営業部	2022/05/01	6,000,000
11	10000010	JJJJJ	101	東京本社	1001	東京第一営業部	2022/07/01	7,000,000
12	10000011	KKKKK	103	名古屋支社	1007	名古屋営業部	2022/04/01	8,000,000
13	10000012	LLLLL	103	名古屋支社	1008	名古屋営業部	2022/05/01	6,000,000
14	10000013	MMMMM	101	東京本社	1002	東京第二営業部	2022/04/01	5,000,000
15	10000014	NNNNN	103	名古屋支社	1007	名古屋営業部	2022/04/01	6,000,000

この会社では、

・東京本社

　―東京第一営業部

　―東京第二営業部

　―東京第三営業部

と東京本社のみ営業部が3つあり、他の支社はひとつの営業部しかないとします。

このデータベースをもとに「担当支社別」の集計シートを作成する場合、

表4.1:

条件	結果
東京本社のみ	担当部署名も表示してほしい
それ以外の支社	担当部署名の表示は不要

という構成にしたくなります。

このようなケースでは、QUERY関数に加え、IF関数を併用すると実現できます。

セルA2に以下の関数を入力します。

```
=QUERY('DB03'!A:H,
IF(B1 = "東京本社","select A,B,D,F,G,H where D = '"&B1&"'",
"select A,B,D,G,H where D = '"&B1&"'"))
```

IF関数を用いて「セルB1が"東京本社"か、それ以外か」を判定し、

表4.2:

条件	select句
東京本社	select A,B,D,F,G,H
それ以外	select A,B,D,G,H

と設定して、東京本社のときのみ列F「担当部署名」を表示するという仕組みを実装します。

図4.7:

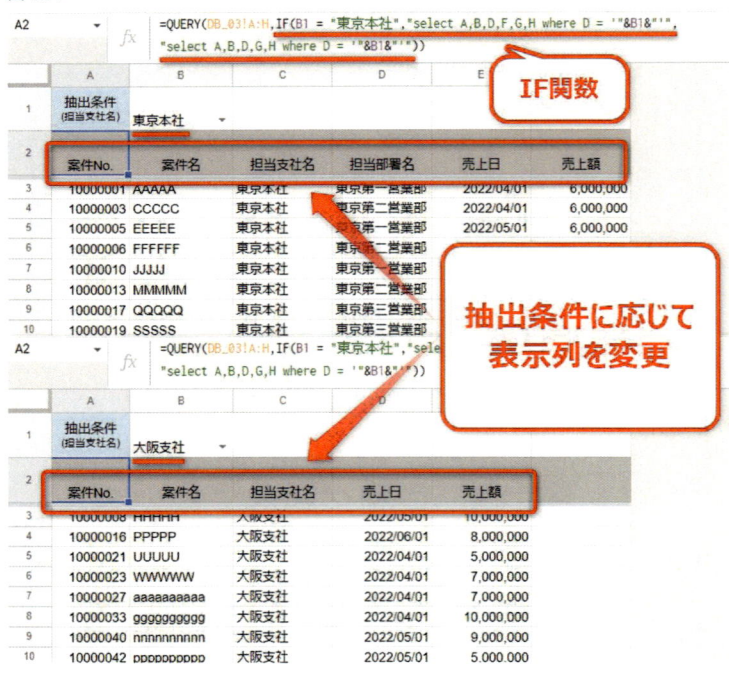

このようにIF関数を併用することで、表示列をコントロールできるのはQUERY関数の大きな強みと言えるでしょう。

上記のケースで、

・東京本社

　―東京第一営業部

　―東京第二営業部

　―東京第三営業部

・大阪支社

　―大阪第一営業部

　―大阪第二営業部

・その他の支社

　―営業部はひとつのみ

という場合はどうしましょうか。

この場合には、OR関数を用いるのがよいでしょう。

データベースシート「DB04」を参照し、集計用新シートのセルA2に以下のQUERY関数を入力します。

```
=QUERY('DB04'!A:H,
IF(OR(B1 = "東京本社",B1 = "大阪支社"),"select A,B,D,F,G,H where D = '"&B1&"'",
"select A,B,D,G,H where D = '"&B1&"'"))
```

これで、

表4.3:

条件	select 句
東京本社または大阪支社	select A,B,D,F,G,H
それ以外	select A,B,D,G,H

という仕組みが実装できました。

図4.8:

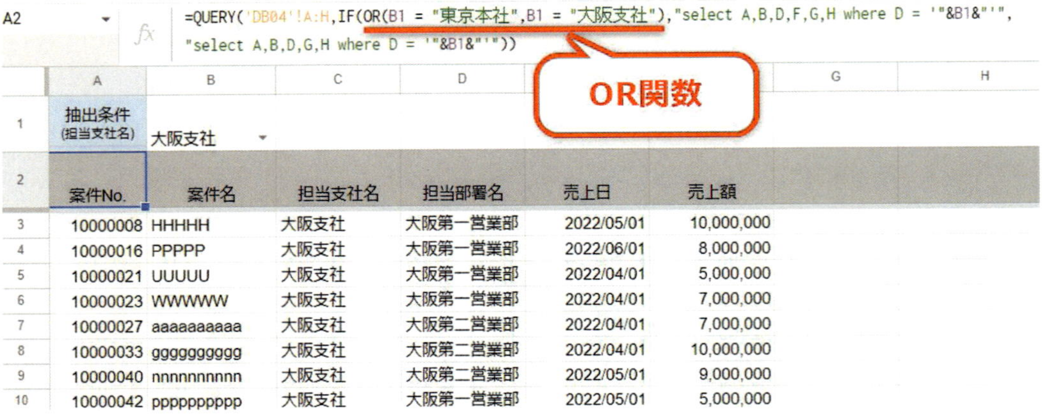

```
A2    =QUERY('DB04'!A:H,IF(OR(B1 = "東京本社",B1 = "大阪支社"),"select A,B,D,F,G,H where D = '"&B1&"'",
       "select A,B,D,G,H where D = '"&B1&"'"))
```

OR関数

	A	B	C	D		G	H
1	抽出条件 (担当支社名)	大阪支社 ▾					
2	案件No.	案件名	担当支社名	担当部署名	売上日	売上額	
3	10000008	HHHHH	大阪支社	大阪第一営業部	2022/05/01	10,000,000	
4	10000016	PPPPP	大阪支社	大阪第一営業部	2022/06/01	8,000,000	
5	10000021	UUUUU	大阪支社	大阪第一営業部	2022/04/01	5,000,000	
6	10000023	WWWWW	大阪支社	大阪第一営業部	2022/04/01	7,000,000	
7	10000027	aaaaaaaaaa	大阪支社	大阪第二営業部	2022/04/01	7,000,000	
8	10000033	ggggggggggg	大阪支社	大阪第二営業部	2022/04/01	10,000,000	
9	10000040	nnnnnnnnnn	大阪支社	大阪第二営業部	2022/05/01	9,000,000	
10	10000042	ppppppppppp	大阪支社	大阪第一営業部	2022/05/01	5,000,000	

4.3　IFS関数の併用

別のパターンを考えてみましょう。

以下の仕組みを実装してみます。

・担当支社別に抽出したい

　　—東京本社のみ営業部が3つある

　　—他の支社は営業部ひとつのみ

　　—東京本社抽出時のみ担当部署名を表示する

・売上日別でも抽出したい

　　—全期間抽出もできるようにする

1-2行目にそれぞれ「担当支社名」「売上日」のプルダウンを準備します。

セルA3に以下の関数を入力します。

```
=QUERY('DB03'!A:H,IFS(
AND(B1 = "東京本社",B2 = "全期間"),"select A,B,D,F,G,H where D = '"&B1&"'",
AND(B1 = "東京本社",B2 <> "全期間"),"select A,B,D,F,H where D = '"&B1&"' AND G =
date '"&TEXT(B2,"yyyy-MM-DD")&"'",
AND(B1 <> "東京本社",B2 = "全期間"),"select A,B,D,G,H where D = '"&B1&"'",
true,"select A,B,D,H where D = '"&B1&"' AND G = date '"&TEXT(B2,"yyyy-MM-DD")&"'"))
```

今回はIFS関数を用いて、条件分岐させました。

表4.4:

条件	結果
「東京本社」かつ「全期間」	「担当部署名」オン、「売上日」オン
「東京本社」かつ「全期間ではない」	「担当部署名」オン、「売上日」オフ
「東京本社以外」かつ「全期間」	「担当部署名」オフ、「売上日」オン
「東京本社以外」かつ「全期間ではない」	「担当部署名」オフ、「売上日」オフ

　QUERY関数にIFS関数を併用することで、以上のような4パターンに対応する集計シートが構築できました。

図4.9:

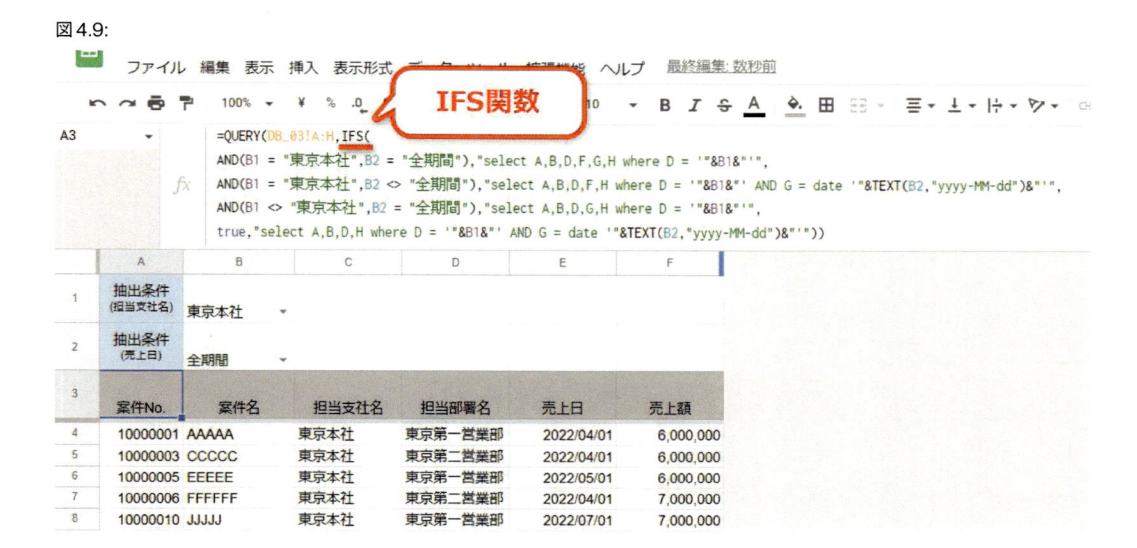

　最終章となる次章では、QUERY関数のその他便利機能を紹介します。

第5章 QUERY関数のその他便利機能

最終章となる本章では、group by句やlabel句などその他の句を紹介します。

5.1 group by句

group by句はQUERY関数で抽出したデータをグループ化し、値の合計や平均を集計できます。

```
group by 列 集合関数（列）
```

「集合関数」は以下の種類があります。

表5.1:

集合関数	結果
sum	合計を返す
avg	平均を返す
count	個数を返す
max	最大値を返す
min	最小値を返す

以下の売上データベースシート「DB05」を用いて、使用例を挙げます。

図5.1:

	A	B	C	D
1	売上月	商品名	請求先	売上金額
2	2022/04	AAAAA	(株)JJJ	800,000
3	2022/04	DDDDD	(株)KKK	480,000
4	2022/04	AAAAA	(株)LLL	900,000
5	2022/04	EEEEE	(株)MMM	650,000
6	2022/04	CCCCC	(株)NNN	480,000
7	2022/04	AAAAA	(株)OOO	350,000
8	2022/04	EEEEE	(株)JJJ	240,000
9	2022/04	AAAAA	(株)KKK	240,000
10	2022/04	BBBBB	(株)LLL	700,000
11	2022/04	FFFFFF	(株)MMM	900,000
12	2022/04	CCCCC	(株)NNN	800,000
13	2022/04	BBBBB	(株)OOO	360,000
14	2022/04	EEEEE	(株)JJJ	350,000
15	2022/04	CCCCC	(株)KKK	480,000

別シートを用意し、セルA1に以下の関数を入力します。

```
=QUERY('DB05'!A:D,"select A,sum(D) where A is not null group by A")
```

合計を出したい列＝Dをselect句で「D」ではなく「sum(D)」と指定し、group by句でグループ化したい列（この場合は列A「売上月」）を指定します。

図5.2:

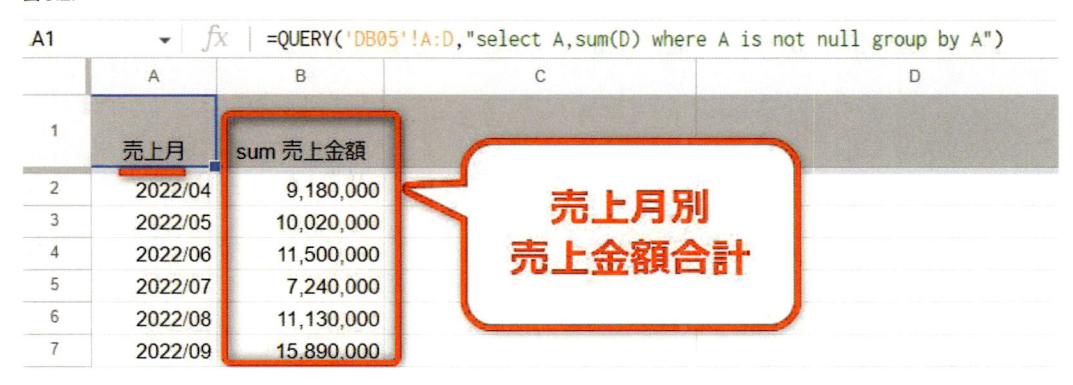

グループ化を列Bに変更すると、「商品名」で集計されます。

図 5.3:

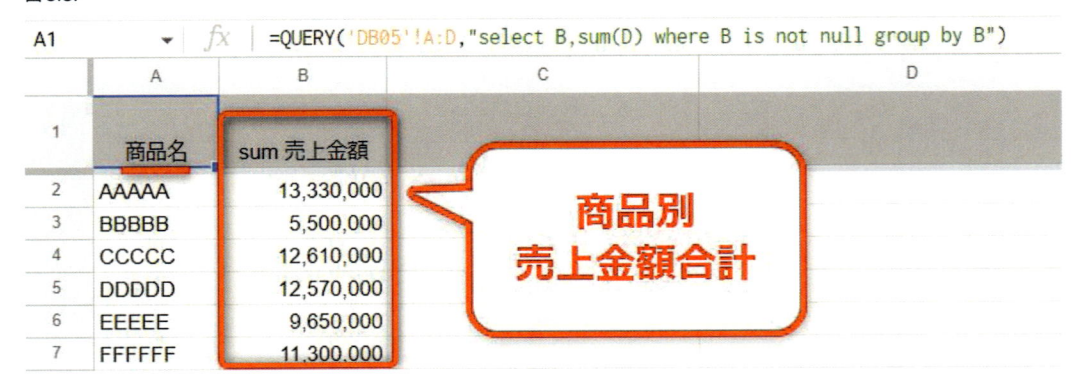

グループ化を「A , B」とふたつに変更すると、「月別/商品名別」で集計されます。

図 5.4:

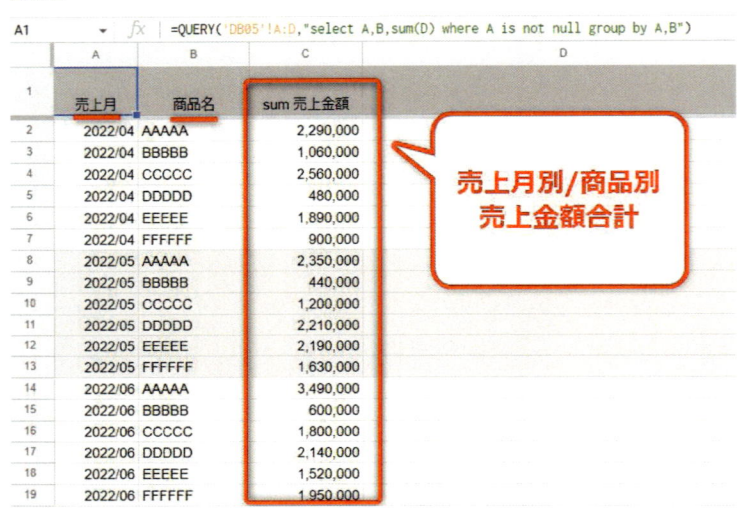

「sum(D)」をそれぞれ「avg(D)」「count(D)」に変更すると、「平均」「個数」が集計されます。

図 5.5:

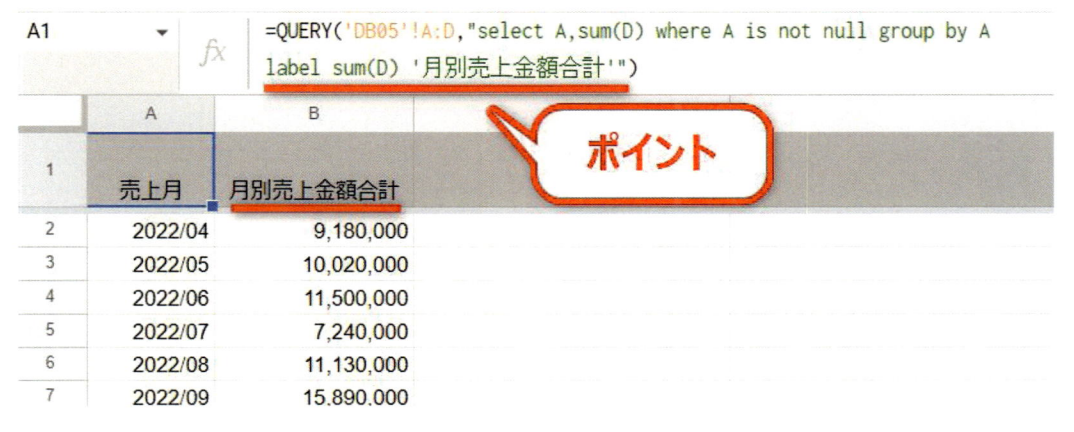

5.2　label句

group by句を用いると、項目名が「集計関数＋項目名」となってしまいます。

このようなときはlabel句を用いると、項目名を変更できます。

```
label　列　'項目名'
```

下記の例ではgroup by句で項目名が「sum 売上金額」になってしまう列を、label句を用いて「月別売上金額合計」に変更しました。

```
=QUERY('DB05'!A:D,"select A,sum(D) where A is not null group by A label sum(D) '月別売上金額合計'")
```

図 5.6:

label句ではカンマで区切ると、複数列の項目名を変更できます。

```
=QUERY('DB05'!A:D,"select A,B,sum(D),avg(D) where A is not null group by A,B
label sum(D) '月別売上金額合計' , avg(D) '月別売上金額平均'")
```

図5.7:

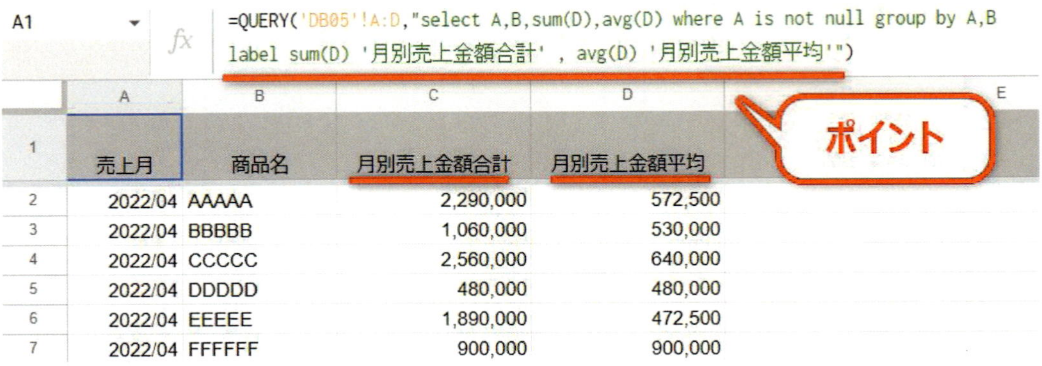

	A	B	C	D	E
1	売上月	商品名	月別売上金額合計	月別売上金額平均	
2	2022/04	AAAAA	2,290,000	572,500	
3	2022/04	BBBBB	1,060,000	530,000	
4	2022/04	CCCCC	2,560,000	640,000	
5	2022/04	DDDDD	480,000	480,000	
6	2022/04	EEEEE	1,890,000	472,500	
7	2022/04	FFFFFF	900,000	900,000	

5.3 limit句

limit句は表示するデータ数を制限できます。「上位●●位までを表示したい」というケースなどに用います。

```
limit  データ数
```

下記では列F-Iにある売上データより、売上金額が高い順に上位10件を列A-Dに返しています。

```
=QUERY(F:I,"select * order by I desc limit 10")
```

図5.8:

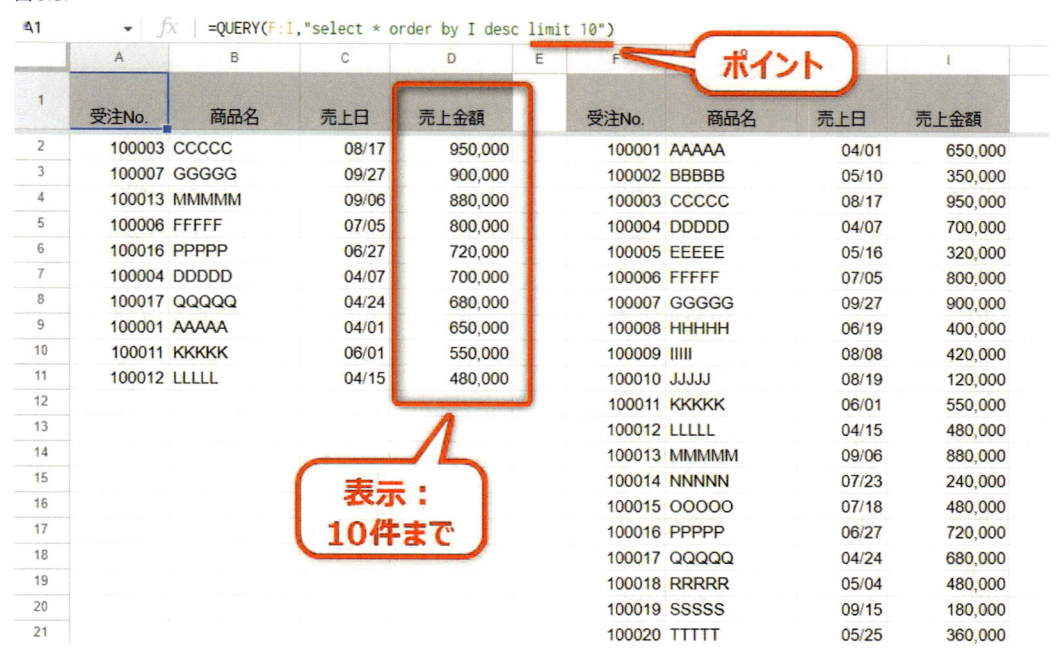

order by句で昇順を用いると、売上金額が低い順上位10件が返されます。

```
=QUERY(F:I,"select * where F is not null order by I asc limit 10")
```

図5.9:

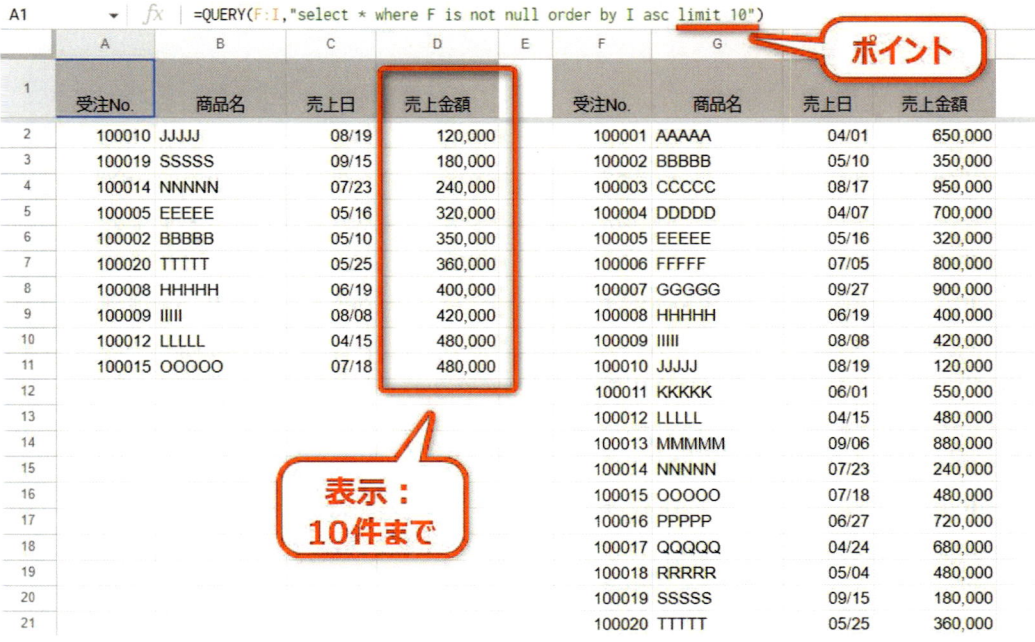

order by句で売上日を昇順で並び替え、limit句を用いると、売上日が古い順10件が返されます。

```
=QUERY(F:I,"select * where F is not null order by H asc limit 10")
```

図5.10:

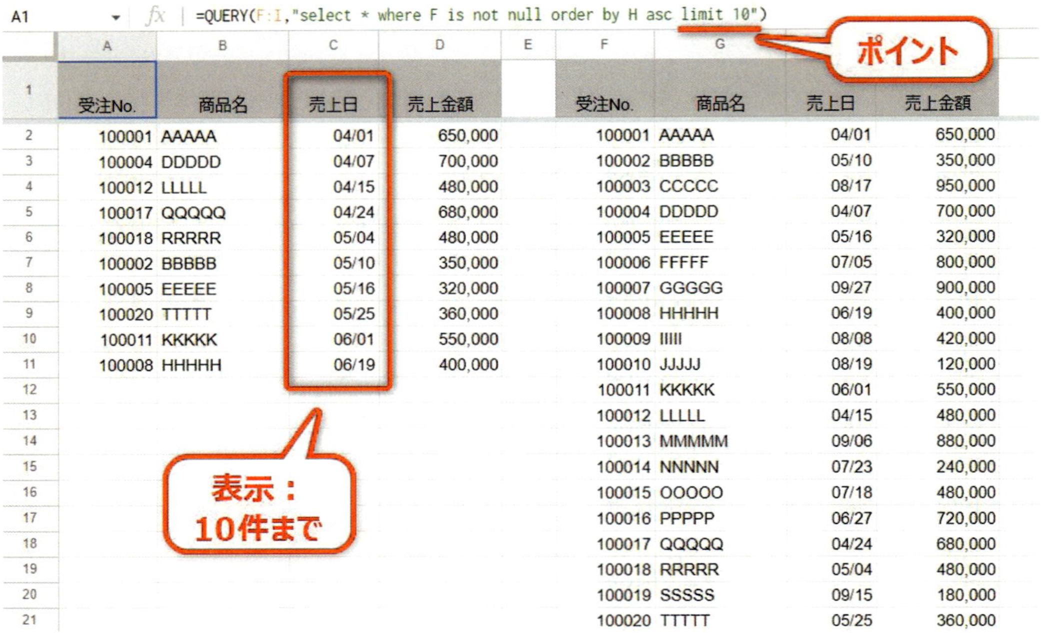

	A	B	C	D	E	F	G	H	I
1	受注No.	商品名	売上日	売上金額		受注No.	商品名	売上日	売上金額
2	100001	AAAAA	04/01	650,000		100001	AAAAA	04/01	650,000
3	100004	DDDDD	04/07	700,000		100002	BBBBB	05/10	350,000
4	100012	LLLLL	04/15	480,000		100003	CCCCC	08/17	950,000
5	100017	QQQQQ	04/24	680,000		100004	DDDDD	04/07	700,000
6	100018	RRRRR	05/04	480,000		100005	EEEEE	05/16	320,000
7	100002	BBBBB	05/10	350,000		100006	FFFFF	07/05	800,000
8	100005	EEEEE	05/16	320,000		100007	GGGGG	09/27	900,000
9	100020	TTTTT	05/25	360,000		100008	HHHHH	06/19	400,000
10	100011	KKKKK	06/01	550,000		100009	IIIII	08/08	420,000
11	100008	HHHHH	06/19	400,000		100010	JJJJJ	08/19	120,000
12						100011	KKKKK	06/01	550,000
13						100012	LLLLL	04/15	480,000
14						100013	MMMMM	09/06	880,000
15						100014	NNNNN	07/23	240,000
16						100015	OOOOO	07/18	480,000
17						100016	PPPPP	06/27	720,000
18						100017	QQQQQ	04/24	680,000
19						100018	RRRRR	05/04	480,000
20						100019	SSSSS	09/15	180,000
21						100020	TTTTT	05/25	360,000

5.4 pivot句

pivot句は、ピボットテーブルのようにクロス集計ができます。pivot句を用いるときは、group by句を併用します。

```
pivot 列
```

以下の案件別売上データベースシート「DB06」を用い、

図5.11:

	A	B	C	D	E	F	G	H
1	案件No.	案件名	担当支社 コード	担当支社名	担当部署 コード	担当部署名	売上予定日	売上予定額
2	10000001	AAAAA	101	東京本社	1001	東京第一営業部	2022/04/01	6,000,000
3	10000002	BBBBB	103	名古屋支社	1007	名古屋第一営業部	2022/06/01	5,000,000
4	10000003	CCCCC	101	東京本社	1002	東京第二営業部	2022/04/01	6,000,000
5	10000004	DDDDD	106	仙台支社	1011	仙台営業部	2022/05/01	10,000,000
6	10000005	EEEEE	101	東京本社	1003	東京第三営業部	2022/05/01	6,000,000
7	10000006	FFFFFF	101	東京本社	1004	東京第四営業部	2022/04/01	7,000,000
8	10000007	GGGGG	106	仙台支社	1011	仙台営業部	2022/05/01	6,000,000
9	10000008	HHHHH	102	大阪支社	1005	大阪第一営業部	2022/05/01	10,000,000
10	10000009	IIIII	103	名古屋支社	1008	名古屋第二営業部	2022/05/01	6,000,000
11	10000010	JJJJJ	101	東京本社	1001	東京第一営業部	2022/07/01	7,000,000
12	10000011	KKKKK	103	名古屋支社	1007	名古屋第一営業部	2022/04/01	8,000,000
13	10000012	LLLLL	103	名古屋支社	1008	名古屋第二営業部	2022/05/01	6,000,000
14	10000013	MMMMM	101	東京本社	1002	東京第二営業部	2022/04/01	5,000,000
15	10000014	NNNNN	103	名古屋支社	1007	名古屋第一営業部	2022/04/01	6,000,000

　group by 句に列C,D「担当支社コード」「担当支社名」、pivot句に列G「売上予定日」を指定すると、担当支社別・売上予定日別の売上予定金額がクロス集計できます。

```
=QUERY('DB06'!A:H,"select C,D,sum(H) where A is not null group by C,D pivot G")
```

図5.12:

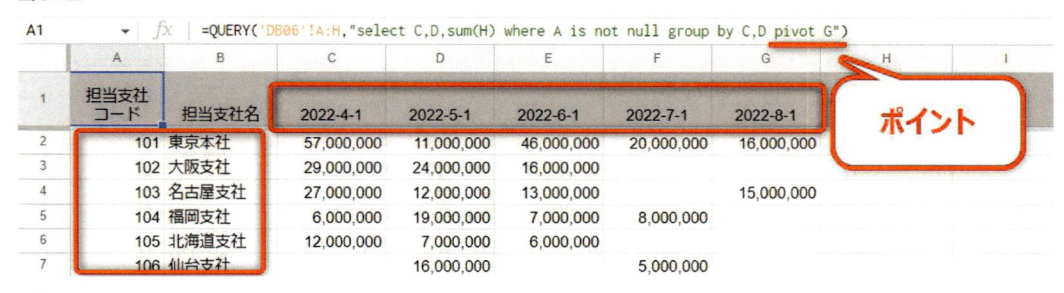

fx | =QUERY('DB06'!A:H,"select C,D,sum(H) where A is not null group by C,D pivot G")

	A	B	C	D	E	F	G	H	I
1	担当支社 コード	担当支社名	2022-4-1	2022-5-1	2022-6-1	2022-7-1	2022-8-1		
2	101	東京本社	57,000,000	11,000,000	46,000,000	20,000,000	16,000,000		
3	102	大阪支社	29,000,000	24,000,000	16,000,000				
4	103	名古屋支社	27,000,000	12,000,000	13,000,000		15,000,000		
5	104	福岡支社	6,000,000	19,000,000	7,000,000	8,000,000			
6	105	北海道支社	12,000,000	7,000,000	6,000,000				
7	106	仙台支社		16,000,000		5,000,000			

ポイント

　group by 句を列G「売上予定日」、pivot句を列D「担当支社名」にそれぞれ変更すると、以下のような集計ができます。

```
=QUERY('DB06'!A:H,"select G,sum(H) where A is not null group by G pivot D")
```

図5.13:

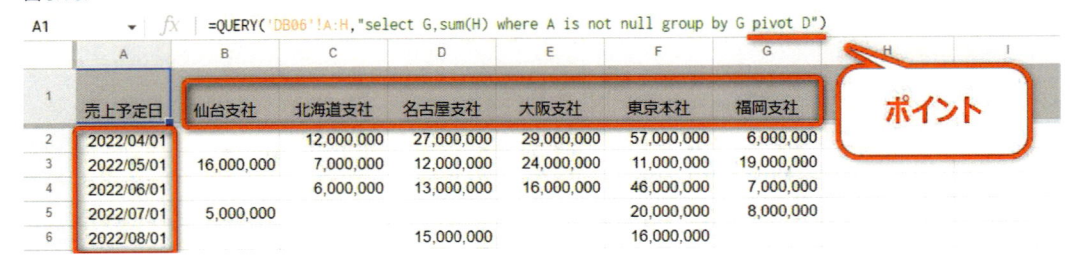

　上記のケースで、QUERY関数をさらにQUERY関数で囲い、Col+数字で列順を指定すると列の順番を変更できます。

```
=QUERY(QUERY('DB06'!A:H,"select G,sum(H) where A is not null
group by G pivot D"),"select Col1,Col6,Col5,Col4,Col7,Col3,Col2")
```

図5.14:

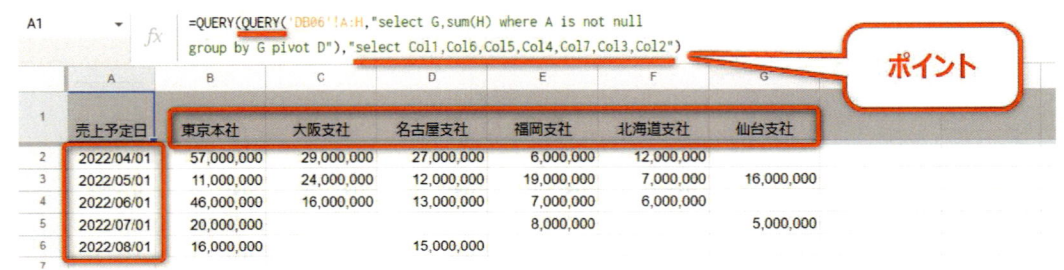

5.5　where句で部分一致

　where句で部分一致検索したい場合は、like演算子を用います。

表5.2:

パターン	指定方法
部分一致	like '%検索語句%'
前方一致	like '検索語句%'
後方一致	like '%検索語句'
前方&後方一致	like '検索語句%検索語句'
文字数指定	like '_'（アンダースコア）

　47都道府県名を例に、検索結果を見てみましょう。

図5.15:

部分一致	前方一致	後方一致	前方&後方一致	文字数指定	※前方一致& 文字数指定
like '%山%'	like '山%'	like '%府'	like '大%県'	like '＿＿＿＿' (アンスコ×4)	like '山＿＿' (アンスコ×2)
山形県 富山県 山梨県 和歌山県 岡山県 山口県	山形県 山梨県 山口県	京都府 大阪府	大分県	神奈川県 和歌山県 鹿児島県	山形県 山梨県 山口県

5.6　select句と算術演算子

データが数値型の場合、select句に算術演算子を用いることができます。

列H-Lにあるデータを基に、算術演算子を用いて列A-Fに参照してみます。

```
=QUERY(H:L,"select H,K+L,I-J,I*K,J/I,100-L")
```

図5.16:

	A	B	C	D	E	F	G	H	I	J	K	L
1	商品名	sum(販売数 (店内) 販 売数 (持帰り))	difference(販売価格原 価額)	product(販 売価格販売 数 (店内))	quotient(原 価額販売価 格)	difference(1 00()販売数 (持帰り))		商品名	販売価格	原価額	販売数 (店内)	販売数 (持帰り)
2	カレー	95	200	42,500	76.47%	55		カレー	850	650	50	45
3	オムライス	65	250	32,000	68.75%	75		オムライス	800	550	40	25
4	チャーハン	115	300	45,000	60.00%	45		チャーハン	750	450	60	55
5	親子丼	50	300	27,000	66.67%	80		親子丼	900	600	30	20
6	おにぎり	85	150	12,250	57.14%	50		おにぎり	350	200	35	50

さらに、label句を用いて項目名を整理します。

```
=QUERY(H:L,"select H,K+L,I-J,I*K,J/I,100-L
label K+L '販売数小計',I-J '一食あたり粗利',I*K '店内売上額小計',J/I '原価率',100-L '持帰
り容器残数'")
```

図5.17:

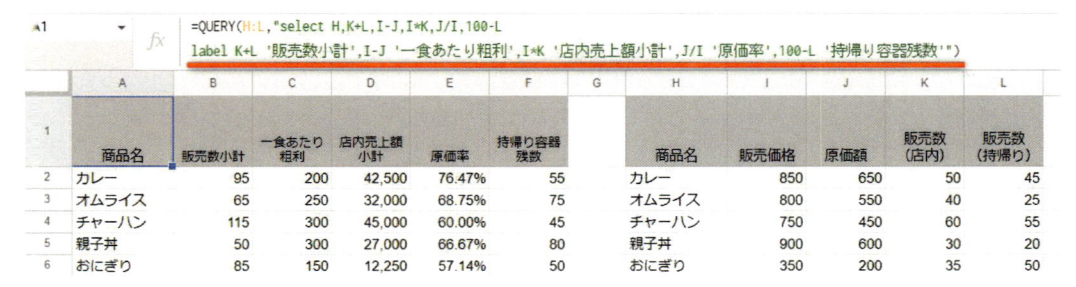

	A	B	C	D	E	F	G	H	I	J	K	L
1	商品名	販売数小計	一食あたり 粗利	店内売上額 小計	原価率	持帰り容器 残数		商品名	販売価格	原価額	販売数 (店内)	販売数 (持帰り)
2	カレー	95	200	42,500	76.47%	55		カレー	850	650	50	45
3	オムライス	65	250	32,000	68.75%	75		オムライス	800	550	40	25
4	チャーハン	115	300	45,000	60.00%	45		チャーハン	750	450	60	55
5	親子丼	50	300	27,000	66.67%	80		親子丼	900	600	30	20
6	おにぎり	85	150	12,250	57.14%	50		おにぎり	350	200	35	50

いかがでしたでしょうか。QUERY関数には他にも便利機能があるので、ぜひwebで検索してみてください。

おわりに

　最後までお読みいただきありがとうございます。

　QUERY 関数の便利さがうまく伝わったでしょうか。

　すべてではなくとも、ひとつでもふたつでも実際にやってみようとなった箇所があれば幸いです。

　こんなに便利な関数なのに、書籍にしろ web 記事にしろ、QUERY 関数については情報が少ないと感じていました。私が本書を執筆したのは、そんな動機からでした。

　私でも、まだその便利さのすべてはマスターしておりません。本書を手に取ったみなさんがそれぞれの環境で活用していき、新しいハックがどんどん共有され盛り上がるととても嬉しいです。

　最後に、ノンプロ研技術ライティング講座でご指導いただき、本書を企画段階から支えてくださったタカハシさん、本書の執筆に伴走していただいた HiroCom777 さん、さまざまなアイデアをくださり応援してくださったノンプロ研メンバーのみなさまに感謝いたします。また、QUERY 関数に関する web 記事を書かれている多くのみなさま、ありがとうございました。みなさまの知見の蓄積なくしてはここまでたどり着けませんでした。微力ながら拙著も知見の一助になることを願っております。

著者紹介

カワムラ シンヤ

1972年東京生まれ。広告映像の制作会社に勤務し、30代まで映像制作の現場で走り回った後40代よりバックオフィスに異動し集計業務や後方支援を担う。

◎本書スタッフ
アートディレクター/装丁：岡田章志＋GY
編集協力：山部沙織
ディレクター：栗原 翔
〈表紙イラスト〉
α（あるふぁ）
アニメーター出身の駆け出しイラストレーター。現在は、主に格闘ゲームのファンイベントのイラストなどを描いています。

技術の泉シリーズ・刊行によせて
技術者の知見のアウトプットである技術同人誌は、急速に認知度を高めています。インプレス NextPublishing は国内最大級の即売会「技術書典」(https://techbookfest.org/) で頒布された技術同人誌を底本とした商業書籍を2016年より刊行し、これらを中心とした『技術書典シリーズ』を展開してきました。2019年4月、より幅広い技術同人誌を対象とし、最新の知見を発信するために『技術の泉シリーズ』へリニューアルしました。今後は「技術書典」をはじめとした各種即売会や、勉強会・LT会などで頒布された技術同人誌を底本とした商業書籍を刊行し、技術同人誌の普及と発展に貢献することを目指します。エンジニアの〝知の結晶〟である技術同人誌の世界に、より多くの方が触れていただくきっかけになれば幸いです。

インプレス NextPublishing
技術の泉シリーズ　編集長　山城 敬

●お断り
掲載したURLは2024年8月1日現在のものです。サイトの都合で変更されることがあります。また、電子版ではURLにハイパーリンクを設定していますが、端末やビューアー、リンク先のファイルタイプによっては表示されないことがあります。あらかじめご了承ください。
●本書の内容についてのお問い合わせ先
株式会社インプレス
インプレス NextPublishing　メール窓口
np-info@impress.co.jp
お問い合わせの際は、書名、ISBN、お名前、お電話番号、メールアドレス に加えて、「該当するページ」と「具体的なご質問内容」「お使いの動作環境」を必ずご明記ください。なお、本書の範囲を超えるご質問にはお答えできないのでご了承ください。
電話やFAXでのご質問には対応しておりません。また、封書でのお問い合わせは回答までに日数をいただく場合があります。あらかじめご了承ください。

●落丁・乱丁本はお手数ですが、インプレスカスタマーセンターまでお送りください。送料弊社負担に てお取り替え
させていただきます。但し、古書店で購入されたものについてはお取り替えできません。
■読者の窓口
インプレスカスタマーセンター
〒101-0051
東京都千代田区神田神保町一丁目 105 番地
info@impress.co.jp

会社員がVLOOKUPの次に覚える
QUERY関数超入門

2024年9月20日　初版発行Ver.1.0（PDF版）

著　者　カワムラ シンヤ
編集人　山城 敬
企画・編集　合同会社技術の泉出版
発行人　高橋 隆志
発　行　インプレス NextPublishing
　　　　〒101-0051
　　　　東京都千代田区神田神保町一丁目105番地
　　　　https://nextpublishing.jp/
販　売　株式会社インプレス
　　　　〒101-0051　東京都千代田区神田神保町一丁目105番地

印刷・製本　京葉流通倉庫株式会社
Printed in Japan

ISBN978-4-295-60330-6

NextPublishing®
●インプレス NextPublishingは、株式会社インプレスR&Dが開発したデジタルファースト型の出版
モデルを承継し、幅広い出版企画を電子書籍＋オンデマンドによりスピーディで持続可能な形で実現し
ています。https://nextpublishing.jp/